文本数据

分析与挖掘

Python

U0244473

Python
文本数据
分析与挖掘

[日] 山内长承 著　张倩南 刘博 译

中国青年出版社

Original Japanese Language edition
PYTHON NI YORU TEXT MINING NYUMON
by Nagatsugu Yamanouchi
Copyright © Nagatsugu Yamanouchi 2017
Published by Ohmsha, Ltd.
Chinese translation rights in simplified characters by arrangement with Ohmsha, Ltd.
through Japan UNI Agency, Inc., Tokyo

律师声明

北京市京师律师事务所代表中国青年出版社郑重声明：本书由欧姆社授权中国青年出版社独家出版发行。未经版权所有人和中国青年出版社书面许可，任何组织机构、个人不得以任何形式擅自复制、改编或传播本书全部或部分内容。凡有侵权行为，必须承担法律责任。中国青年出版社将配合版权执法机关大力打击盗印、盗版等任何形式的侵权行为。敬请广大读者协助举报，对经查实的侵权案件给予举报人重奖。

侵权举报电话

全国"扫黄打非"工作小组办公室
010-65233456　65212870
http://www.shdf.gov.cn

中国青年出版社
010-59231565
E-mail: editor@cypmedia.com

版权登记号　01-2020-2532

图书在版编目（CIP）数据

Python文本数据分析与挖掘/（日）山内长承著；张倩南，刘博译. 一北京：中国青年出版社，2021.3
ISBN 978-7-5153-6294-6

I. ①P… II. ①山… ②张… ③刘… III. ①软件工程-程序设计　IV. ①TP311.561

中国版本图书馆CIP数据核字（2021）第012707号

主　　编　张　鹏
策划编辑　张　鹏
执行编辑　田　影
营销编辑　时宇飞
责任编辑　刘稚清
封面设计　乌　兰

Python文本数据分析与挖掘

[日] 山内长承 / 著　张倩南 刘博 / 译

出版发行：中国青年出版社
地　　址：北京市东四十二条21号
邮政编码：100708
电　　话：（010）59231565
传　　真：（010）59231381
企　　划：北京中青雄狮数码传媒科技有限公司
印　　刷：天津旭非印刷有限公司
开　　本：880 x 1230　1/32
印　　张：5.5
版　　次：2021年6月北京第1版
印　　次：2021年8月第2次印刷
书　　号：ISBN 978-7-5153-6294-6
定　　价：79.80元（附赠独家秘料，关注封底公众号获取）

本书如有印装质量等问题，请与本社联系
电话：（010）59231565
读者来信：reader@cypmedia.com
投稿邮箱：author@cypmedia.com
如有其他问题请访问我们的网站：http://www.cypmedia.com

前　言

文本挖掘，顾名思义，就是从文本数据中挖掘信息，是一种从大量文本数据中把"有意义的信息"提取出来的处理技术。本书的目标是利用Python来理解文本挖掘中会用到的自然语言处理技术和数学、统计学工具。

在本书中，只是将自然语言处理技术和统计处理技术视为工具，不会涉及其烦琐的原理、数学定理等。实际处理文本之后会知道些什么？能够做些什么分析？我们不妨带着这两个问题阅读本书。并且是在利用操作简便的包能处理的范围内，来探索文本挖掘可以帮我们做到的事情，而非用尖端的技术进行程序设计。

本书适用对象是多少有些编程经验，但没有语言处理经验的读者。虽然本书的编程语言选用的是Python，但读者并非必须有Python的经验，只要了解C、C++、Java等语言的基础编程概念即可，比如变量、代入、if语句、for语句之类的概念。对于完全没有接触过编程的读者，我建议先粗略地学习一下编程入门书籍，然后再尝试本书中的程序。当然，跳过程序部分来阅读本书也是可以的。

本书的结构是，第1章介绍完文本挖掘的整体概念之后，在第2章中，概括介绍第3章以后使用Python时的必要知识。在第3章中了解文本处理相关的基本概念和观点之后，在第4章中利用Python学习作为基础处理的频率分析方法和其能得到的结果。最后，在第5章中介绍文本挖掘需要用到的各种具体方法以及在Python中的处理步骤。

本书中使用的文本处理和文本挖掘方法以原理上重要的、基本的东西为中心。虽然从实际需求来看有不足的地方，但是读者可以以本书为出发点扩充自己的知识结构。在实际应用中，可以把本书的知识看作基本的核心部分，或者看作大型项目中的一个模块并灵活运用起来。

在阅读本书的过程中，很多地方可以通过实际程序处理来加深理解。

虽然本书并非是必须通过实际操作来学习的教科书，但是书中有好多涉及多方面的、可以实际尝试的程序和数据，所以请一定在实际的处理环境中重新写一下本书中出现的程序。这样做之后，一定能收获到很多关于文本挖掘处理的认知和可能性的知识。

本书是笔者所在的东邦大学研究室的学习会，通过整理近七年间出版的实际操作教程和素材编写而成。这次，我接受了日本欧姆社书籍出版社各位的建议，以基于Python编程为中心出版本书。最后，我要向帮我制作原始素材的研究室的各位学生和给我很多建议的长期访问的研究员笕义郎先生表示衷心的感谢。同时，我还要向为了出版本书而做出多方努力的欧姆社书籍出版社的各位表示深深的谢意。

山内长承

目　录

本书使用的Python代码，是从欧姆社的网页（http://www.ohmsha.co.jp/）下载的。

注意

· 本文件仅供购买本书的人使用。本文件的著作权属于本书的作者山内长承。

· 使用本文件产生的直接或间接的损失，作者以及欧姆社不负任何责任。请在自己承
　担责任的前提下，进行使用。

## 第1章

文本挖掘的概要

首先，我们要弄清楚三个问题：文本挖掘是干什么的？
其内容是什么？在什么场合会用到文本挖掘？文本挖掘
就是通过分析文本，把其中的信息压缩后提取出来的一
种技术。需要准备的工具有两个：能把语言特征提取出
来的自然语言处理技术和能从特征中把信息提取出来的
统计处理技术。文本挖掘技术在问卷调查的意见分析、
评价分析、话题的关联性分析和文书检索、分类等领域
都得到了广泛的应用。

1.1 什么是文本挖掘

　　文本挖掘是指从文本数据中把信息挖掘出来，如同从大量沙土中找出被掩埋的宝贵钻石，文本挖掘是从大量文本数据中找出被掩埋的"有意义的信息"。

　　通过使用自然语言处理技术和统计学工具，从大量的文本数据中提取出压缩后有意义的信息。在这里，我们分别使用"文本数据"和"信息"这两个词。先说文本数据，比如各种各样的文件、在社交平台上发布的信息、关于产品或服务的问卷调查结果，这些数据的产生都有原本的目的。也就是说，我们是为了写文件、为了在社交平台上发布信息、为了评价产品或服务，才去写作各种文本，而这些文本就是我们输入的"数据"。文本挖掘，就是从这些数据入手，比如从社交平台中提取出最近的流行趋势，从问卷调查中提取出对某种商品或服务的整体评价和出现的问题（图1-1）。而上面说的从社交平台上提取的流行趋势、通过问卷得到的评价和问题，和原来的文本数据相比，被大幅度地压缩了。我们把压缩后得到的东西称为"信息"。

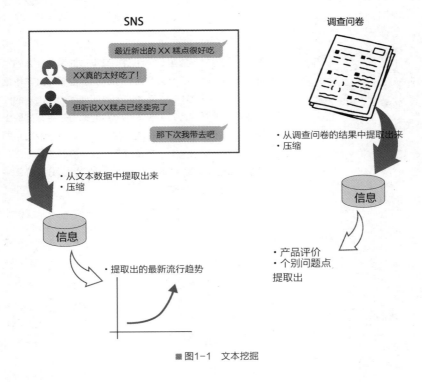

■ 图1-1　文本挖掘

简而言之，文本挖掘可以说是一种从大量文本数据中获得压缩信息的过程。

文本挖掘近年来被广泛使用，结合其背景来看，可能有以下几个原因。首先，能够获得机器可读的文本数据是一个重要原因。比如，社交平台本来就是一种线上服务，文本会转换成计算机可读的形式。问卷调查在很多情况下也是通过网页在线上收集的[*1]。其次，值得特别指出的一个变化是，用来分析文本数据的程序和框架大部分被公开了，大家可以很容易地获取并使用这些程序。以前公司开发的软件和字典数据主要是限制性开放，并且是收费的，最近大学或个人开发的软件都是无偿公开给大家使用的，而且，不仅可以使用，使用者还可以加以改善，做出更加优秀的程序。而这种现象正在成为趋势。本书中介绍的各种软件也是这样积累而来的。

再者，最近有一个非常显著的变化，那就是有些文本分析框架结合了机器学习的方法。在文本分析程序中，除了以语言学、数学理论为基础一步步地分析处理这种方法以外，还有一种机器学习框架，即把大量常见的文本收集起来，把其统计学上的特性输入到程序中，使程序具备文本分析的功能。通过机器学习来构成复杂理论的这一方法以前也被人提出过，近几年取得了令人瞩目的进展，以图像处理为中心，被应用到很多场合，也有很多关于文本分析的研究正在进行。大量地收集机器学习需要的相关文本是非常有必要的，由于互联网的普及，我们可以轻易地在各种互联网软件、网页等地方收集到很多文章。通过深度学习等最新的机器学习，来实现文本处理的研究成果还很少，所以在本书中不会涉及这些内容，我们只是粗略地了解一下简单的机器学习。

通过Python的程序来理解文本挖掘的各种分析处理是本书的写作目的。但在实际应用中，文本分析以外的东西也是必要的，比如用Web来收集整理线上问卷的系统。如果是纸质问卷，还需要有人专门负责将其输入到计算机中，这个叫作"预处理"的部分，因为实际情况会涉及多个方面，所以本书中只好将这部分舍弃。还有如何解释、说明分析的结果这一问题，因为这个问题会随着目的、数据的性质而变化，所以本书不会涉及。本书的主题是，在可以把文本作为分析对象的场合，思考其分析方法和应该使用的程序。

[*1] 目前需要手写的纸质问卷也不少，在这种情况下，就需要把问卷收集后，再输入到计算机中。

1.2　应用实例

文本挖掘技术有多种多样的实际应用，下面通过举例来大致了解都有哪些应用，并希望能以此来了解文本挖掘功能的整体面貌。

1.2.1　关于调查问卷的开放性问题或客服中心收到的提问和意见的分析

通过纸质媒体或互联网做问卷调查来探究大众对产品或服务的印象、评价的方法被大家广泛使用。调查问卷的项目中不是只有选择题，还有需要答卷人自己写答案的开放性问题。通过分析其中的文本内容，我们可以获知顾客对作为调查对象的产品或服务的反响。

对调查问卷的开放性问题这一栏目的分析，与其他文本分析相比，有一个不同之处，那就是其文本内容可以结合别的选择题一起分析。多个项目对比讨论的分析方法叫作交叉列联表，这和统计分析里的"多变量分析"是相对应的，但交叉列联表能够包含作为项目之一的开放性问题栏目的特征量。因此，一方面，我们可以做出有深度的分析，另一方面，我们可以得到问卷制作人没有预想到的内容，而这是选择题无法涵盖的。即使只是注意开放性问题栏目中出现的单词，也有机会抓住答卷人的动向。

在客服中心接待客人电话的情况下，分析对象通常是客服人员记录的内容，所以肯定不能涵盖用户所说的全部内容，但我们仍可以从中提取出提问内容的倾向、投诉的特征等。在客服接电话时，通常都会记录事先准备好的检查项目，但如果我们能分析客服听写记录下的内容，就有可能找出准备的检查项目中没有包含的要素。

1.2.2　社交平台上对特定商品和服务的评价分析

在互联网上发表的个人想法和心情，也可以通过文本挖掘进行分析。推特、脸书、博客等SNS（网络社交平台），用户只要登录就可以在上面发表自己的想法和心情，由于发表门槛低，因此可以在这些平台上收集到很多人的意见。利用这个特点，我们可以提取出大众对于某个特定服务或商品的意见倾向，或者不针对特定对象，而是提取出社会整体的氛围和感情。

当把推特和脸书作为分析对象时，在上面收集对某种特定商品或服务的评价，统计其中出现的单词，我们就能知道大众对这种商品或服务的看法，认为哪些方面比较好，对哪些方面不满意。而且，我们还可以判断大众对这种商品或服务的整体接受状况，即从整体上看，大众的态度是肯定的还是否定的。

在对网络社交平台的分析中，用户层的倾向是一个问题。首先年龄层偏向于年轻人，而且其数据更能体现出喜欢在社交平台上发表意见的人的倾向，所以必须注意的是，我们的调查对象并不能代表所有的人。再者，当分析对象是在推特平台上向public timeline发布的消息时，由于其受众不是特定的群体，所以无论是赞赏还是不满都是对大众说的。与之相对，在分析脸书等平台上对提供的商品或服务的企业账号的留言时，分析文本就变成了对企业提的意见，所以两者的措辞会很不一样。

推特的特征包括能广泛收集涵盖了青年层的大众意见，有文本量足够多的统计分析对象，有很多以心情、感觉、情绪为背景的信息，可以及时发表对社会现象和变化的反应等。有很多关于心情的信息这一特征，使其可以作为情感分析的对象，具有即时性这一特征使其可以作为当前趋势的分析对象。因为有这些特征，所以我们可以有效地利用推特来判断大众对商品和服务宣传的反响。

由于推特的用户范围很广，发表的内容里很多措辞并不完整，而且还有很多独特的东西，因此，分析文本时，就会产生无法应对字典中没有的用语等问题。颜文字一时间被广泛使用，这也会对语言处理造成影响，所以必须去除。但是另一方面，利用颜文字可以进行情感分析，考虑到这一点，现在有相关研究正在进行。

1.2.3 趋势调查分析

在上述的例子中，我们是抱着对特定的商品或服务进行市场调查这个具体目的而进行的文本分析。另一方面，我们还可以做趋势调查分析，也就是选取一般性的社会话题，而不是特定的商品，从时间顺序上测定话题的起伏度。比如，在推特上提取当今话题这个方法被广泛使用，此外，我们还可以根据对微博的分析、对新闻的分析来提取话题，捕捉动向。而且，不仅只是提取出作为话题的关键词，还可以筛选出和关键词一起出现的词语，帮助我们进一步分析出大众如何对待"关键词"、怎样议论"关键词"。

1.2.4 话题关联性分析

我们可以把新闻报导、评论性的微博网页作为对象，提取社会话题、分析关联性。以段落、小节中出现的关键词为基础，通过找出这些段落关键词的重复性以及它们同时出现的次数，就可以找出话题间的关联性。所以，我们可以提取出政府、政党、媒体、知识分子对某个社会话题的意见倾向，然后分析它们之间的关联性，还可以将时间顺序上的变化用数字表示出来。

1.2.5 文书的检索和分类

通过对大量文献和文书进行关于关键词的分析，可以使文献检索变得简单起来。过去的文献检索是指找出含有指定关键词的文献，但如果我们可以提取出话题，并测量出话题之间的远近关系，那么不只是能搜索到含有某个特定关键词的文献，还可以找到和话题关系相近的文献。再进一步，如果我们可以把关系相近的话题总结到一起形成一个集合，就可以轻易地看到话题的整体面貌。

1.2.6 深层语言分析

通过使用深层语言分析技术，而不只局限于对出现频率和词语的关联度的分析，我们将渐渐能提取出文本的主张和意见。比如，能够对应识别出经常和名词性关键词搭配使用的动词、形容词，再通过使用近义词、同义词词典来概括文本的主旨大意，像这样的尝试现在正在进行中。虽然都是处于研究阶段的未成熟技术，但是掌握更加深入的文本挖掘技术是指日可待的。

## 第 2 章

Python概要和实验准备

本书使用编程语言Python的环境作为文本分析的工具。Python近年在各种应用领域上被很多用户使用，在最近的各种排名调查中也名列前茅。本章会介绍Python环境的安装方法、Python程序的语法规则以及文本挖掘需要用到的几个库和包的概要。此外，还会说明作为本书分析对象的文本数据的概要和获取方法。

2.1 什么是Python

Python是一种简单灵活、充分吸收新语言特性的、富有扩展性的通用编程语言。"什么是Python"这个问题的官方回答，可以在官方网站的FAB（常见问题和答案）页面（https://docs.python.org/3/faq/general.html）上找到。下面列举Python的一些特点：

- 解释型、交互式编程语言
- 面向对象的编程语言
- 可以处理模块、类、异常和丰富的动态类型
- 惊人的强大功能与简单明了的语法相结合
- 拥有很多的系统调用、库和各种Windows操作系统的接口
- 可用C、C++来扩充
- 可作为扩展语言来实现需要编程接口的应用
- 易移植，可移植于多数的Unix系OS、Mac和2000以后版本的Windows系统

在编程语言的人气调查中，Python和Java、C、C++、C#、JavaScript、PHP还有其他常用语言一起，取得了很高的人气排名[1]。

关于编程语法，我会在2.3小节中介绍，在这里我谈一下处理速度。解释型语言通常被认为处理速度较慢，最大的理由是，编译型语言是事先把程序编译好，执行时就是直接执行机器命令，CPU可以直接运行这种程序，与之相对，解释型语言在执行程序原文时，是一边解释一边执行，所以以解释这个过程会花费更多的时间。这虽然是事实，但是Python和其他最近的解释型语言，可以确保满足实际应用中需要的运行速度[2]。

---

[1] 英文的Wikipedia的"Measuring programming language popularity"这则新闻中，收集了一些人气调查作为参照。其中，在2017年的PYPL调查中是第二名，在2017年7月的TIOBE调查中是第4名，在2017年的IEEE Spectrum的调查中是第一名等，在2016年~2017年Python在人气调查中都是名列前茅。

[2] 背景介绍，比如说程序中需要对某个程序块进行求值时，内部会选择最适合CPU的方法进行运算。或者，尽量在必要时才进行处理（叫作"延迟计算"，lazy evaluation。lazy在这里是"懒惰"的意思，尽量拖延，直到非做不可才开始的意思），这样就能避免不必要的计算。此外，为使其高速化，大家还做出了很多努力。尤其是最近，Python在学习神经网络的程序中被广泛使用（Theano、TensorFlow、Chainer等），程序把这些庞大的运算当作集体运算来执行，内部利用基于通用的图形处理器进行并行计算来达到高速化。

2.2 编写、运行程序的环境

2.2.1 下载和安装

在被广泛使用的计算机环境中，比如说Windows7/10、macOS、Linux（Ubuntu、Fedora、CentOS等）中都备有Python运行环境的安装包。Python有版本2（Python2）和版本3（Python3），这两个版本因为过去的一些因素不能够"互换"。也就是说，一部分用Python2写的程序在Python3中会出错而不能运行，反之一部分用Python3写的程序在Python2中会出错而不能运行[*3]。因为本书使用的是Python3，所以请大家选择下载Python3。

在Python的官网上（`https://www.python.org/`，英文网站），选择"下载"列表，然后选择下载安装和自己使用环境一致的安装包。在一些系统中，有预先安装的Python，遇到这种情况时，请确认Python的版本是否是Python3。在命令提示符中输入Python的启动命令（Python），输入参数–V，就能确认版本了。

```
python -V            ←输入
python 3.6.1         ←显示版本
```

关于Python的使用方法和语法，可以参照英文原版`https://docs.python.org/3/`，中文翻译版为`https://docs.python.org/zh-cn/3/`。

2.2.2 程序的编写

到这里Python就可以被使用了，让我们赶紧来尝试一下编程吧。基本的操作和界面在Windows、macOS、Linux上都是一样的。因为Python是解释型语言，启动Python后（什么都没指定的情况下），就会出现提示输入命令的"输入提示符号"（提示符）。Python中的输入提示符号是>>>。在这里输入程序，就可以一行行地执行了。输出Hello World的程序如例2.1所示。

■ 例2.1　在Windows上的交互式运行的例子

```
python                        ←输入python命令后按Enter
Python 3.6.1 (v3.6.1:69c0db5, Mar 21 2017, 18:41:36) [MSC v.1900 64 bit
                              (AMD64)] on win32
```

[*3]　最近正在进行向Python3过渡，在Python2和Python3中都能运行的代码正在增加，所以一般的库在运行时不会出现问题。

```
Type "help", "copyright", "credits" or "license" for more information.
>>> print("Hello World")        ←用户输入的程序。按Enter键运行
hello world                     ←运行结果
>>>                             ←等待下一次输入
```

　　用Python编程时，有像上述这样交互式的，把程序的符号一个个输入进去后就能立刻运行的方式，还有事先在文档中把程序写好然后再运行的方式。最近，网页浏览器的页面可以提供边写边运行的环境[*4]。在本书中虽然主要是使用把程序写在文档里然后再运行的方式，但也会经常看到交互式的方式。

　　程序文档用文字编辑器来制作。比如说在Windows上可以用自带的记事本（notepad.exe）来制作。在用记事本时，把制作好的文档用适当的名称保存，比如说用sample1.py这个名字来保存，这个时候在"保存"页面最下方的"编码"中请选择"UTF-8"选项（图2-1）。后面会说到，当文本和数据中有汉字时，在Python中应该使用UTF-8作为汉字编码。在Windows上，如果在没有指定编码的情况下，Python的系统（解释器）就会出现无法读取文字的错误。选用别的文字编辑器也没有关系，只要保证能把文件的编码选为UTF-8即可。还有，文件的扩展名应为".py"。在Windows上的详细使用说明请查看官方文件https://docs.python.org/zh-cn/3/using/windows.html。

■ 图2-1　在Windows的记事本（notepad.exe）中，保存时编码应选择UTF-8

[*4]　叫作Jupyter Notebook或iPython Notebook（旧名）（http://jupyter.org/）。虽然需要些额外的设置，但开始使用后就会很便利。考虑到设置需要对系统操作非常熟悉，所以本书没有全面采用。推荐有兴趣的读者尝试一下。附录中有说明在Windows上的安装方法。

我们把程序文档sample1.py的内容写成下面这样。

```
# -*- coding: utf-8 -*-
print('Hello World')
```

然后执行编写好的程序文档，就像下面这样。

```
python sample1.py
```

在python命令的后面，输入程序文件名就可以启动了。

2.2.3 库和包的安装

在本书中，有许多的功能需要借助库和包来执行。安装Python时同时安装了一部分包，但还有许多包需要通过别的途径单独安装。Python拥有很多功能，其中大部分都需要借助其他的包来实现。本书使用的功能也有许多需要用到独立安装的包，所以到时我们就得根据需要来安装。大部分包的安装方法都很简单，在Python的外层运行环境中（Windows使用命令提示符或PowerShell、macOS使用终端、Linux使用终端的命令提示符）使用pip命令就可以安装了。

```
pip install <程序包名>
```

在"程序包名"处输入你想使用的程序包名。比如，使用Matplotlib作为描绘图表用的程序包，输入下面的安装命令就可以了。

```
pip install matplotlib
```

pip的详细使用方法[5]请参考pip的文件页（https://pip.pypa.io/en/stable）。当pip命令自身不可使用（尚未安装）时，根据文件页所说，从https://bootstrap.pypa.io/get-pip.py上下载get-pip.py文件。

```
python get-pip.py
```

这样运行后，pip就可以使用了。

---

[5]　程序包的卸载，程序包的指定版本安装等。

下载下来的包在程序中实际使用时，需要靠import语句来导入。

```
# -*- coding: utf-8 -*-
import matplotlib
（以后可以使用Matplotlib的绘图功能）
……
```

如果没有用pip安装程序包就想导入到程序内的话，运行时会出现错误，这样就能立刻明白了。这种时候，只需要用pip命令安装好程序包后，再次运行程序，问题应该就可以解决了。

```
python importtest.py            ←运行importtest.py，在其中导入Matplotlib

Traceback (most recent call last):
  File "importtest.py", line 3, in <module>      ←第3行出现错误
    import matplotlib
ModuleNotFoundError: No module named 'matplotlib'   ←没有Matplotlib这个模块
```

再者，有些程序包中一部分内容是用Python以外的语言编写的，所以只用pip会出现错误导致无法安装。比如当需要用到程序包内部用C语言写成的模块时，就需要对这部分进行编译。这种情况需要根据分发页面的指示进行编译等适当的安装处理，比如用于语素分析的jieba。尤其是Windows上几乎都没有安装C语言的编译环境，所以这种时候需要多花些步骤，下载安装已经编译好的（二进制的）程序包。在这种情况下，其来源的指南上会说明操作方法，跟从指南就可以了。macOS上通常来说没有C语言的编译环境（Xcode），但Xcode的安装和下载很简单，推荐在来源页上把其下载下来并安装好。

2.3 Python的语法规则

在这里简单说明一下Python编程语言的语法规则。Python语言虽然很简单，但是也有相应的规则和语法，如果想看完整的说明，请参考别的书籍[6]。本书是对多少学过一点其他编程语言（比如说C、C++、Java等）的读者为理解本书中的

---

[6]　Mark Lutz著，夏目大译：Python学习 第三版，O'Reilly日本，2009。
　　　Bill Lubanovic著，斋藤康毅监译，长尾高弘译：Python入门，O'Reilly日本，2015等。

例题做必要的知识说明。

2.3.1　Python程序的构造

Python程序与其他编程语言相比，代码更为简洁，这也是它的一大特色。接下来将会简单概括一下Python程序的构造。

用空格表示代码块构造

在Python中，代码块构造用空格表示。在C、C++、Java中，代码块的开头和结尾处用中括弧（"{"和"}"）表示，空格只是为了看起来更明显，不用空格或换行程序也可以运行。与之不同，在Python中，空格是必须的。而且同一个代码块中每个空格的字数必须是一样的，否则就会出现错误。相对应的，就不需要用表示代码块的中括弧（"{"和"}"）了。比如说条件分支的if语句，应该以下面这种方式编写。

```
if x>0:
    print('正数')              ←因为是内侧的代码块，所以需要缩进
else:
    print('0或负数')           ←因为是内侧的代码块，所以需要缩进
```

Python中的代码块使用缩进4个空格表示代码的层次结构，也可以使用一个Tab键代替4个空格。不过不要在程序里同时使用空格和Tab键进行代码的缩进。如果这样的话，当代码需要跨平台运行时，就会不能正常运行。比较推荐的方法是使用4个空格缩进代码。

当一行代码的末尾有:（冒号）时，下一行代码就需要缩进。比如上面的if x>0:这行代码的末尾有:（冒号），那么下一行的print('正数')代码就必须要缩进4个空格。

与其他程序结构一样，函数也是一种程序，我们可以自定义函数并使用它实现不同的功能。Python中定义函数使用def关键字，具体的结构如下所示。

```
def 函数名(参数):
    函数体
    return 返回值
```

定义函数的最初部分（函数标题）可以是下面这样的。

```
def newfunction(x):
    y = math.sin(x) + 1
    return y**x                    } ←因为是内部的代码块,所以需要缩进
```

这个程序用到了数学公式,所以在编写代码的时候还需要使用import语句导入math模块。执行该程序后可以得到如下结果。

```
1.2163163809651678
```

同一级别的代码块必须使用空格缩进到同一位置(即同样的空格数),哪怕差一个空格也会出现错误。而且,空太多的话看上去会不好看,如果能和函数紧挨着的话是最好的。比如使用Python编写一个自定义函数计算z=x+y。

```
def f(x,y):
    z=x+y
    return z
res=f(4,5)
print(res)
```

这个函数实现了求和功能,计算了4和5的和,返回结果为9。

```
9
```

另外,Python与一般的编程语言不同的是,它的函数返回值可以是各种形式,比较灵活多变,比如返回值可以是一个列表。

2.3.2 控制语句的差异

for循环的语法

Python的for语句和C、C++、Java等大体是相同的,只有循环控制部分有所不同。在C、C++、Java中,for语句需要开始时的循环初始化、循环一次的计数等处理、终止条件的判断这三个要素。在Python中则没有这三个要素,比如下面这个for语句。

```
for u in [0, 1, 2, 3, 4, 5]:
    n += u
```

[0，1，2，3，4，5]这种数据类型叫作列表，in这个词表示的是控制变量u依此取列表中各个元素的值。这个列表不一定是整数，像下面这种写法也会经常用到。

```
for u in ['东京', '大阪', '福冈']:
    print(u)
```

在这种情况下，变量u就按顺序依次取值为列表中所包括的每个字符串。还有，编程时没有设定列表中数据的上限，数量太多没办法全部写出来时，可以使用函数range(N)来代表[0，1，2，…，N-1]。在range中，如果只设定一个自变量，可以代表从0到上限N（但不包含N）逐一增加的列表，如果是range(0，5，2)，这个指定就是从0到5，中间隔2个，即代表了[0，2，4]这样的列表。

下面这个程序使用range(51)计算1到50的和，这个循环过程就是求1+2+3+…+50的值，实现代码如下所示。

```
sum1=0
for n in range(51):
    sum1=sum1+n
print(sum1)
```

下面是程序运行结果。

```
1275
```

2.3.3 不指定变量类型，不声明变量

Python的变量不需要像C、C++、Java一样指定类型。或者更确切地说，虽然有类型，但是是在解释时自动判断的，代入时会根据需要变换类型。

```
x = 1          ←在这里x保持整数类型
x = x/2        ←在这里x变为浮动小数点类型
print(x)       ←结果表示为0.5
```

代入x=x/2的结果后，在别的语言中，因为x和2都是整数，所以结果也会是整数类型，也就是0。但在Python中就会同算式的实际结果一样为0.5。

如果希望结果为整数的话，就需要明确指定为向下取整（math.floor）、

向上取整（math.ceil）、四舍五入（round）等*7*8。

```
import math
x = 1/2
print(math.floor(x))          ←向下取整，结果为0
print(math.ceil(x))           ←向上取整，结果为1
print(round(x))               ←四舍五入（参照注释）
```

因为没有指定数据类型，所以也没有像在C、C++、Java上见到的变量声明，可以不用声明变量直接开始使用。但是，如果想要直接（没有代入数值）读出结果的话，就会出现错误。

我们也可以变换类型，比如说如果我们需要把作为文字的数字变换成数值（整数或浮动小数等），使用int('123')就可以了。int、float等类型都是可以使用的。反过来，如果我们想把数值改为文字类型的话，像str（123）这样就可以变换了。大部分都是可以自动变换的（比如说print(x)，就会把x变换为文字来表示），但是也有特殊情况，比如说，在使用表示把两个字符串结合在一起的加号+时，不会自动变换，所以当把数值和文字结合在一起时，就会出现错误。

```
x = 123                       ←X是整数
{str(x) + '次以上'}
```

这时，像上面这样变换一下就没问题了。就像这样，虽然说不特意关注类型也没有关系，但偶尔也会遇到必须要变换类型的情况，所以还是要加以注意。

2.3.4　备有的多种类型

Python中有许多预先准备好的基本类型（内置类型）。详细内容请参照Python的官方文档（https://docs.python.org/zh-cn/3/library/stdtypes.html）。

和其他的语言一样，数值类型有整数（int）、浮点数（float）和复数

---

*7　在Python3中，round函数是四舍五入成"最近的偶数值"。

*8　floor、ceil在math程序包中（严格地说应该是math程序包中的math类的函数），所以floor、ceil的前面要加上math（类名）。而round是Python内置的函数，所以不需要加math。还有，math程序包需要通过程序前面的import math来导入。

（complex）三种，布尔值有True和False两种结果。

基本的序列类型有列表（list）、元组（tuple）、range。列表用于[0，1，2，3]、['东京'，'大阪'，'福冈']这样的元素集合。元组也是用于（0，1，2，3）这样的元素集合，但是其中的元素不能更换。

列表是程序中常见的结构，其功能非常强大，可以作为栈和队列使用。在定义列表的时候只需要在中括号[]中添加列表的元素，然后用半角逗号隔开每一个元素就可以了。

列表和元组都是序列结构，本身有些相似之处，访问列表和元组中元素的方式也都是一样的，但是还有一些不同之处。从定义方式上看，列表用方括号标记，比如n=[1,3,5,7]，而元组是用圆括号标记，比如像这种m=(2,4,6)。从功能上来讲，列表可以被修改，元组却不可以，比如列表n=[1,3,5,7]，那么执行n[0]=0就会将列表n修改为[0,3,5,7]，而元组就不能像这样修改元素。

下面简单介绍一下列表（list）常用的函数及其作用。

- append(x)：将元素x追加到列表尾部。
- remove(x)：将列表中第一个为x的元素移除，如果没有x会出现异常情况。
- pop(i)：删除索引为i的元素并显示该删除的元素。
- extend(L)：追加一个新列表L，并将L中的元素添加到列表尾部组成一个新的列表。
- insert(i,x)：在列表中索引为i的位置插入x元素。

序列类型的各个元素可以使用索引来引用，比如像下面这样。

```
u = [1, 2, 3]          ←将序列[1, 2, 3]代入变量u
print(u[1])            ←显示u中索引为1的元素，结果为2
```

如果使用索引作为参照的话，就可以在列表类型中表示向量和数组。而且列表类型可以使用append在后面追加元素。用程序制作列表类型数据时，如果使用用append的话，可以执行下面这种操作。

```
s = []                 ←编写一个没有元素的空序列
for u in range(5):     ←u按range(5)（即[0, 1, 2, 3, 4]）的顺序取值
    s.append(u*2)      ←在列表中追加u*2
print(s)               ←结果为[0, 2, 4, 6, 8]
```

append用于面向列表类型对象的函数时，可以在列表后面追加元素[9]。切片（slice）是截取列表的一部分，比如像下面这样。

```
s = [0, 2, 4, 6, 8]
print(s[1:3])                    ←结果为[2, 4]
```

这种时候会容易把指定范围搞错，所以我们可以像图2-2那样，在列表元素之间加上编号，编号从0开始。

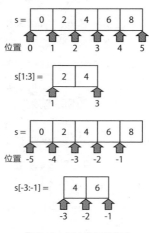

■ 图2-2　列表数据的切片

从第一个中间的点（即0和2之间的点）到第四个中间的点（即4到6之间的点），把其间的元素截取出来，就是s[1:3]，即[2,4]。当把编号设置为负数时，则把0当作最后一个编号，逆向排列，元素之间的编号就是-1，-2，-3…就像下面这样。

```
print(s[-3:-1])                  ←结果为[4, 6]
```

再者，如果没有指定的话（即为空栏），那切片的起始位置就是列表的起始点，终点位置就是列表的终点。s[:]和s一样，值为[0, 2, 4, 6, 8]，s[2:]的值为[4, 6, 8]，s[:3]的值为[0, 2, 4]。

列表的元素也可以是列表类型，可以把这种情况看成是二维的数组（二维的

---

[9] 列表自身会添写，不需要复制。

矩阵）。重复嵌套的话还可以做成多维数组。

```
u = [ [0, 1, 2], [3, 4, 5], [6, 7, 8] ]
print(u[1][2])           ←可以看作二维数组，结果是5
```

Python的字符串可以看作元素是一个个文字的列表，于是就变成了下面这样。

```
u = 'abcde'
print(u[2:4])            ←表示字符串'cd'
v = '东京晴空塔'
print(v[2:4])            ←表示字符串'晴空'
```

因为Python内部是以UTF-8编码显示的，所以一个文字需要1~3个字节来显示，但字符串的元素是一个个文字，而不是字节单位[10]，因此我们查看字符串v的长度就会看到下面的结果。

```
print(len(v))           ←结果为文本数据5
```

在这里，字母、数字和汉字都是同样的处理方法[11][12]。

字典类型中，有很多键（key）值（value）对，它的每一项都以半角逗号隔开。字典中的每一个元素（键值对）是无序的，比如像下面这样。

```
dic = {'东京晴空塔': 333, '富士山': 3776, '通天阁': 108, '天保山': 4.53}
print(dic['通天阁'])      ←结果为108
```

把几对像键"东京晴空塔"和值333这样的组合集合在一起，当键是"通天阁"时，就会得到值108。在字典类型中，元素的位置是没有意义的，因为键才是访问途径。这样就有了三个便利的函数，输入items()就会得到字典组合元素列表，输入keys()就会得到键部分的列表，输入values()就会得到值部分的列表[13]。

---

[10]　关于这一部分，Python2和Python3中有清楚的说明。

[11]　需要注意C语言中汉字占用两个字节。

[12]　一般不会用到，当从外部读取二进制的数据时，需要用字节来处理字符串，这种时候就需要进行字符串和字节之间的转换。

[13]　输入dic.items()后显示的结果顺序和定义dic时的顺序不同，这也说明了字典类中元素的位置是没有意义的。排列顺序是Python的内部原因决定的。

```
print(dic.items())    ←[('富士山', 3776), ('东京晴空', 333),
                        ('通天阁', 108), ('天保山', 4.53)]
print(dic.keys())     ←['富士山', '东京塔', '通天阁', '天保山']
print(dic.values())   ←[3776, 333, 108, 4.53]
```

因为字典类型中用键找到值这个做法非常便利，所以在Python的编程中经常用到。下面将会介绍字典类型的常用操作。

```
>>> dic1={830:'智人',43:'编程',3680:'人工智能',21:'Hello'}
                        ←定义字典dic1
>>> dic1
{830: '智人', 43: '编程', 3680: '人工智能', 21: 'Hello'}
>>> dic1.items()              ←获取字典dic1的元素列表
dict_items([(830, '智人'), (43, '编程'), (3680, '人工智能'), (21,
'Hello')])
>>> dic1.keys()            ←获取字典dic1的key列表
dict_keys([830, 43, 3680, 21])
>>> dic1.values()          ←获取字典dic1的value列表
dict_values(['智人', '编程', '人工智能', 'Hello'])
>>> dic2=dic1.copy()          ←复制字典dic1中的元素
>>> dic2
{830: '智人', 43: '编程', 3680: '人工智能', 21: 'Hello'}
>>> dic2.clear()             ←清除字典dic2中的内容
>>> dic2
{}
>>> dic1.pop(21)           ←列出字典dic1中key=21的项
'Hello'
>>> dic1
{830: '智人', 43: '编程', 3680: '人工智能'}
>>>
```

在上面的代码中，使用items()获取了字典dic1的元素列表，使用keys()得到了字典dic1的key列表，使用values()就得到了value列表。通过copy()可以复制字典中的元素，字典dic2中的内容与dic1相同。如果想清除字典中的内容，可以使用clear()函数。dic1.pop(21)表示可以列出字典dic1中key=21的那一项。

除此之外，还有一个不经常使用但偶尔会见到的类型，即set类型（集合类型）。在set类型中，不允许有重复内容出现。比如在列表类型中，可以像下面这样有重复元素出现。

```
u = [1, 1, 2, 3, 3, 4, 5, 6, 6]
```

在set类型中，同样数值的元素只能有一个，就像下面这种情况。

```
v = {1, 2, 3, 4, 5, 6}
```

因此，使用set类型可以排除重复的情况。

```
u = [1, 1, 2, 3, 3, 4, 5, 6, 6]
v = list(set(u))                    ←先把u设置为set类型，再变回list类型
```

这样做之后，就变成了下面这种结果。

```
v = [1, 2, 3, 4, 5, 6]
```

对于列表、元组和集合这三种数据类型，有相同的函数可以使用，下面的程序中分别定义了列表list1、元组tuple1和集合set1。

```
>>> list1=[2,4,6,8]
>>> tuple1=2,4,6,8
>>> set1=(2,4,6,8)
>>> len(list1),len(tuple1),len(set1)      ←分别求它们的长度
(4, 4, 4)
>>> min(list1),min(tuple1),min(set1)      ←分别求它们的最小值
(2, 2, 2)
>>> max(list1),max(tuple1),max(set1)      ←分别求它们的最大值
(8, 8, 8)
>>> sum(list1),sum(tuple1),sum(set1)      ←求和
(20, 20, 20)
>>> def addnum(s):
return s+1

>>> list(map(addnum,list1)),list(map(addnum,tuple1)),list(map(addnum,set1))
([3, 5, 7, 9], [3, 5, 7, 9], [3, 5, 7, 9])
                                  ←将addnum函数用于每一项
>>> for i in list1:               ←迭代
```

```
print(i)

2
4
6
8
>>>
```

2.3.5 列表解析式——enumerate、zip

对列表、字典的各个元素进行相同处理时，我们可以不写循环语句，而是用一个叫作列表解析式（list comprehensions）的方法。比如在一个把列表中元素的值全部扩大为两倍的程序中，如果用for循环的话，应该这样写。

```
input = [1, 3, 5, 7, 9]
output = []                        ←编写一个空列表
for u in input:
    output.append(u*2)             ←将u*2后得到的元素一个个追加上去
print(output)                      ←结果为[2, 6, 10, 14, 18]
```

如果使用列表解析式的话，应该这样写。

```
output = [u*2 for u in input]      ←结果为[2, 6, 10, 14, 18]
```

这行代码的含义是列表解析式外侧的[ ]表示编写列表，内容是根据u*2编写的，u是input的元素。而且，还可以在for循环内加入条件。

```
output = [u*2 for u in input if u>=3]   ←结果为[6, 10, 14, 18]
```

这样，列表中就只剩下了满足u>=3条件的u扩大到两倍后的元素[14]。对字典类型也可以用同样的列表解析式。

```
input = {'东京晴空塔': 333, '富士山': 3776, '通天阁': 108, '天保山': 4.53}
output = { u: v/1000 for u, v in input.items() }
                    ←结果为{'东京晴空塔': 0.333, '富士山': 3.776, '通天
阁': 0.108, '天保山': 0.00453}
```

---

[14] 在追加else语句时，应该像output=[u * 2 if u>= 3 else u * 5 for u in input]这样，把if和else放在for的前面。

像这样对列表和字典使用列表解析式有两个好处。一是程序变短，简洁明了。在Python中，有这样一种观点，程序应该尽量简洁易读，读起来越简单错误就越少。不过，另一方面，如果列表解释太简练的话，反而会出现阅读困难的情况。还有一个好处是，用列表解析式的话，会有处理速度变快的倾向。

通过列表解析式提升处理速度

与用append向列表中增加元素的程序相比，使用列表解析式的程序处理速度会快两倍以上。下面是一个使用列表解析式的程序。

```python
import time
def sample_loop(n):                    # 使用for循环的场合
    r = []
    for i in range(n):
        r.append(i)
    return r
def sample_comprehension(n):           # 使用列表解析式的场合
    return [i for i in range(n)]

start = time.time()
sample_loop(10000)
print(time.time() - start, 'sec')
start = time.time()
sample_comprehension(10000)
print(time.time() - start, 'sec')
```

下面是两者的处理时间。

```
0.0013065 sec
0.0005357 sec
```

在这个特定的环境中，使用append进行了10,000次的for循环，耗时1.3毫秒，而使用列表解释的程序只耗时0.5毫秒。

关于原因，有分析称调用列表的append函数时需要花费时间，实际进行append处理时，每次把append作为函数调用时都需要花费一次时间（列表解释中是直接追加列表命令的），而且解释器需要解释的命令数量也增多了。

enumerate对列表（一般序列）进行循环处理时，可以用来显示元素的索引编号。在Python中，虽然for循环不需要使用索引编号，但有时也需要用到"是几号"这个信息，这种时候，就可以用enumerate，像下面这样写。

```
input = ['东京', '大阪', '福冈']
for i, v in enumerate(input):
    print(i, v)
```

结果像下面这样，我们就得到索引信息i了。

```
0 东京
1 大阪
2 福冈
```

zip这个函数，可以从两个序列中各取出一个元素组成一组，编写出一个新序列，从而使这两个序列可以同时循环。

```
towers = ['东京晴空塔', '通天阁', '名古屋电视塔']
heights = [330, 108, 180]
for u in zip(towers, heights):
    print(u)
```

结果就变成了这样一个列表。

```
('东京晴空塔', 330)
('通天阁', 108)
('名古屋电视塔', 180)
```

2.3.6　lambda表达式

lambda表达式的功能是产生小的匿名函数。匿名函数虽然也可以加上名字来声明，但可以更加简洁地记述。比如下面是一个键值对的列表，

```
p = [['东京晴空塔', 330], ['通天阁', 108], ['名古屋电视塔', 180]]
```

如果想把它们按高度排列应该怎么操作呢？首先我们尝试使用可以返回排序结果的sorted函数，如果只用sorted（p）的话，函数会以键值对的第一元素为

准，即依据名字的顺序来进行排列[15]。

```
p = [['名古屋电视塔', 180], ['东京塔', 330], ['通天阁', 108]]
```

这不是我们期望的结果。因此，我们可以写一个获取待排序元素关键字的函数，这个函数可以把各个待排序元素作为参数代入，最后选取能得到合适结果的元素值作为关键字。

```
def extract_height(u):
    return u[1]
p = [['东京晴空塔', 330], ['通天阁', 108], ['名古屋电视塔', 180]]
q = sorted(p, key=extract_height)
```

于是，我们使用extract_height函数获取高度数值作为排序关键字对各个元素进行排列。

```
[['通天阁', 108], ['名古屋电视塔', 180], ['东京塔', 330]]
```

虽然作为程序这样是没问题的，但如果从简练美观这个标准来看，这个函数extract_height的定义是有问题的。第一，函数的定义放在了其他地方，这样不容易看到；第二，函数名太长了。于是，我们使用lambda表达式。

```
p = [['东京晴空塔', 330], ['通天阁', 108], ['名古屋电视塔', 180]]
q = sorted(p, key=lambda u: u[1])
```

所谓匿名函数，就是使用lambda时不用特意注明函数名extract_height。当我们想排序字典类型时，也可以用同样的原理写出简短的代码。

```
dic = {'东京晴空塔':333, '富士山':3776, '通天阁':108, '天保山':4.53}
print(sorted(dic.items(), key=lambda u: u[1]))
```

在这个例子中，dic.items()是把字典类型的dic变换为键值对列表。

```
[['东京塔', 330], ['富士山', 3776], ['通天阁', 108], ['天保山', 4.35]]
```

---

[15] 字符串的大小比较，使用Unicode的数值（代码点），按照字典顺序比较。

这个是把键值对的第二个元素，即值部分作为关键参数来进行排列的。函数sorted中默认按升序排列，得到如下结果。

```
[['天保山', 4.53], ['通天阁', 108], ['东京塔', 330], ['富士山', 3776]]
```

如果我们希望反过来按降序排列的话，就在sorted的参数中加上reverse=True。

```
print(sorted(dic.items(), key=lambda u: u[1], reverse=True))
```

显示如下结果。

```
[['富士山', 3776], ['东京塔', 333], ['通天阁', 108], ['天保山', 4.53]]
```

2.3.7　面向对象

在本书使用的程序包中，有一部分是作为类来提供的。类的使用方法和别的语言差不多。详细信息请参照文档（https://docs.python.org/zh-cn/3/tutorial/classes.html#a-first-look-at-classes）。

本书使用类的场合是对已被定义的类C生成并使用实例，这时的句法结构如下所示。

```
instance_c = C()              ←生成类C的实数，名称为instance_c
instance_c.methodx()          ←调用instance_c的函数methodx( )
```

生成类C的实例时，参数是生成类时运行的初始化函数method_ _init( )_ _的参数。

2.3.8　Python2和Python3

Python现在使用的版本有Python2和Python3，两者之间有不能互换的部分。因此，不是说所有的东西都可以换到新的Python3中。由于历史性因素，这是无可奈何的事情，而且还因此产生了很多问题。

在本书中，统一使用的是Python3。Python的库、程序包经进行了很大程度的过渡和修正，大部分都可以在Python3中正常使用。但是在代码维护不频繁的程序包中，还留有只能在Python2中使用的程序包。因此，在一部分版本的Linux和masOS中，有以Python2为标准的安装包。在这种情况下，如果想要安装使用Python3的话，就需要进行一些设置。用Python2编写的程序现在全部可以与Python3相适用。关于一些细微的差异，在Web上也有很多人讨论，在官方文件Python HOWTO中的"将Python2代码迁移到Python3"（`https://docs.python.org/zh-cn/3/howto/pyporting.html`）上也有说明。除此之外，在Supporting Python 3:An in-depth guide（`https://python3portng.com/`）上，有详细的关于差异和自动转换的说明。Python中包含的软件"2to3"，可以自动改写使用Python2编写的程序，使其可以适应Python3（参考Python的文档：`https://docs.python.org/zh-cn/3/library/2to3.html`）。遗憾的是只用这个软件还是不能全部转换，剩下的一些转换不了的差异，就需要手动修正。

Python的编程环境

正如前文介绍过的，Python有两种编程方法，一种是利用Python的解释器，采用交互式的输入一行运行一行的方法，另一种是把程序写在文档中，然后放入解释器中一起运行的方法。此外，还有一些被广泛使用的，能让编程工作变得便利高效的工具。

iPython

iPython可以扩展Python的交互式输入和运行环境，能够追加许多功能。比如制表符的补全功能（输入一部分内容后，按制表符键自动补全剩余内容的功能）、输入系统命令（在Python中也可以运行系统命令）、储存和读取输入历史（可以记住曾经输入的内容并再度使用）等非常便利的功能。

安装iPython请用pip命令输入`pip install ipython`，详细内容请参考`https://ipython.readthedocs.io/en/stable/install`。

Jupyter Notebook

Jupyter Notebook（旧名iPython Notebook）以iPython为基础提供能在网页上工作的环境。下图是界面的样子。虽然是比较新的程序包，但是基本上可以稳定地运行。

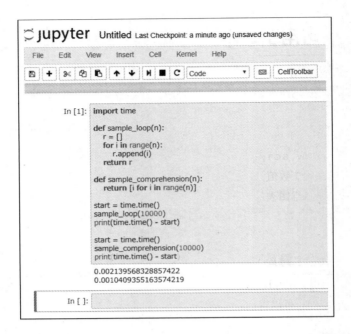

　　我们可以在窗口中写入程序，然后按照代码块运行，也可以简单地把程序分成几部分来编写和试运行。这个环境不仅可以保存在代码块中写的程序，还能保存运行过程中变量的状态，所以在追加的代码块中，如果出现错误需要重写时，只需要再次试运行重写的代码块就可以了。

　　再者，因为可以把现在的状态保存在文件中，程序的中断和继续运行就变得容易了。这个时候只需要从保存的状态重新开始就可以继续这个程序了。利用这个保存功能，我们可以把保存的文件交给别的用户，所以在共同程序开发、编程教育等方面也会派上用场。

　　还有，因为可以把代码和用Matplotlib绘制的图表在同一界面显示，所以我们可以把代码和图表一同保存后交给别的用户。因为Jupyter的名称和开发团队等最近有很多变化，文档也有新旧两个版本，软件还不能说十分成熟，在这样的背景下，本书不会使用它作为主要的开发环境，等今后稳定下来，读者们再多多使用它作为Python的开发和学习的环境吧。

　　安装及使用的详细信息请参考https://jupyter-notebook.readthedocs.io/en/latest/notebook.html。本书的附录中有简单的介绍，执笔时的版本是Windows上的安装版本。

2.4 可用于文本挖掘的程序包

本小节要介绍一下在利用Python进行文本挖掘时，方便好用的库和程序包。原则上都是用pip命令安装后，在程序中使用import语句导入并作为程序的一部分来使用。

Python中用于进行科学技术计算的一系列的库都整合在了SciPy Stack（https://www.scipy.org/）中。其中包含下面将要介绍的用于基本（是其他内容的基础）数值计算的NumPy、用于一般科学技术计算的库SciPy library、主要用于绘制二维图表的Matplotlib、能高速和简洁地处理数据结构DataFrame的pandas。而且，还包含能使Python编程时的对话操作变得简单的环境iPython。

2.4.1 数值计算库NumPy

NumPy是用于在Python中进行科学技术计算的基础数值计算库（https://www.numpy.org/），可以提供多维数组的定义和操作以及其扩展形式的线性代数的演算。NumPy除了可以单独使用，还可以作为SciPy、pandas等库的基础来使用。

代数的"矩阵"在其他语言中经常被定义为"数组"的形式，但唯独在Python中，是用在基本数据类型中没有的多维嵌套列表来表示，下面都称为"数组"。比如说，我们想表示二维数组的话，在Python中就表达为列表的列表。

```
ar = [[1, 3, 5], [2, 4, 6]]
```

元素可以使用如下路径进行访问。

```
ar[1][2]
```

ar[1]（ar的第一个元素[2,4,6]）的[2]（第2个元素，6），可以这样检索。作为数组来检索和计算时，必须把其分解成各个元素的访问步骤。把矩阵用数组的形式来处理是NumPy的优点之一，以下是示例。

```
na = numpy.array( [[1, 3, 5], [2, 4, 6]] )      # 变换为NumPy的数组
nb = numpy.array( [[1, 4, 7], [10, 13, 16]] )
na + nb                 # 数组na和nb的和
na * nb                 # 数组na和nb的各元素之积
```

```
nc = numpy.array( [[2, 4], [3, 6], [4, 8]] )
na.dot(nc)                    # 数组na乘以数组nc（矩阵的乘积）
numpy.dot(na, nc)             # 同上
```

其中，使用程序包numpy中的array函数可以将列表类型转换为NumPy的数组类型。还有，dot函数可以计算点积（向量的话是内积，矩阵的话是矩阵的积）。而且，NumPy的数组可以根据索引来检索元素。

```
na[1, 2]                      #访问数组元素[1, 2]。结果为6
```

也具备可以读取和变换数组形状的演算。

```
na.shape                      # 把数组na的形状以制表的形式返回。结果为（2，3）
na.reshape(3,2)# 把形式变换为（3，2）。
                              # array([[1, 3],
                              #        [5, 2],
                              #        [4, 6]]
na.T                          # 倒置矩阵
                              # array([[1, 2],
                              #        [3, 4],
                              #        [5, 6]])
```

此外，NumPy的数组还具备各种验算和矩阵、线性代数的函数。比如使用NumPy可以实现如下功能。

```
a = numpy.array([[1., 3.], [2., 4.]])
numpy.linalg.inv(a)           # 逆矩阵
                              #  array([[-2. , 1.5],
                              #         [ 1. , -0.5]])
y = numpy.array([[5.],[7.]])
numpy.linalg.solve(a, y)      # 解方程式y = ax
                              #  array([[0.5],
                              #         [1.5]])
```

在命令提示符中输入如下命令可以安装NumPy。

```
pip install numpy
```

安装完成后，使用import导入这个库，输入如下命令以后就可以使用了。

```
import numpy as np
...
a = np.array([[1., 3.], [2., 4.]])
...
```

导入numpy这个库时，as表示命名为别名，即np是别名（np是numpy惯用的别名），这样方便调用。使用NumPy库对数组arr1和arr2操作的程序如下所示。

```
# -*- coding: utf-8 -*-
import numpy as np
arr1=np.array([45,23,67,84,39,10])       ← 创建数组
print(arr1)                               ← 输出数组
print(arr1[:4])                           ← 切片
print(arr1.max())
arr2=np.array([[2,4,6,8],[3,5,7,9]])      ← 创建二维数组
print(arr2*arr2)
```

执行程序后可以得到如下结果。

```
[45 23 67 84 39 10]          ← 输出数组
[45 23 67 84]                ← 数组切片的结果
84                           ← 数组最大值
[[ 4 16 36 64]               ← 二维数组的平方阵
 [ 9 25 49 81]]
```

NumPy的指南在https://docs.scipy.org/doc/numpy/上有提供。一般情况下，在NumPy中定义函数，要比自己写循环来计算的速度更快。

2.4.2　科学技术计算库SciPy

SciPy的库中含有数学的辅助程序包。具体来说，其包含聚类、物理常数、数学常数、快速傅里叶变换（FFT）、积分和常微分方程式的解和计算、插值和样条、线性代数、N维图像、最优化、信号处理、稀疏矩阵的处理、统计处理等。SciPy是以NumPy为前提的。

本书使用SciPy库的集群（群分析）功能。在例2.2中，用SciPy中能进行层次聚类的linkage函数来给数据分类，并用dendrogram函数把结果用树形图（图2-3）表示出来。SciPy的指南在https://docs.scipy.org/doc/scipy/reference中可以查看。

■ 例2.2　使用SciPy的程序示例

```
import numpy as np
from scipy.cluster.hierarchy import dendrogram, linkage
from scipy.spatial.distance import pdist
import matplotlib.pyplot as plt
X = np.array([[1,2], [2,1], [3,4], [4,3]])
Z = linkage(X, 'ward')          # 使用Ward法来进行层次聚类
dendrogram(Z)                   # 描绘树形图（dendrogram）
plt.show()                      # 把图形绘制在画面上
```

层次聚类的结果（树形图）如图2-3所示。

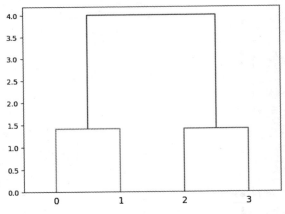

■ 图2-3　用树形图（dendrogram）表示层次聚类的结果时

2.4.3　图表、图形绘制库Matplotlib

Matplotlib主要是绘制二维图表、图形、图像的库。Matplotlib不仅可以绘制画面，还可以直接在文件中输出画面。Matplotlib有很多功能，其中辅助函数pyplot是可以绘制简单图表的程序包，本书也会使用这个功能来绘制图表，下面我们先来看一下绘制点的简单制图程序（例2.3）。

■ 例2.3 使用Matplotlib制作点的简单制图示例程序

```
import numpy as np
import matplotlib.pyplot as plt

t = np.arange(0., 5., 0.2)
plt.title('drawing example1')
# red dashes, blue squares and green triangles

plt.plot(t, t, 'r--', label='linear')
                            # y=x的直线。红色（r）破折号（--），名称为linear
plt.plot(t, t**2, 'bs', label='square')
                            # y=x^2，蓝色（b）方块（s），名称为square
plt.plot(t, t**3, 'g^', label='cube')
                            # y=x^3，绿色（g）三角（^），名称为cube
plt.xlabel('x values')      # x轴的标题是x valuess
plt.ylabel('y values')      # y轴的标题是y values
plt.legend()                # 写图例
plt.show()                  # 显示这张图表
```

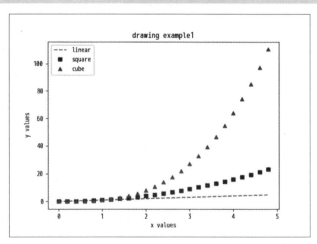

■ 图2-4　使用Matplotlib来做简单制图的示例程序的输出结果

Matplotlib除了可以绘制点，还可以绘制直线图、折线图、柱状图等图形。接下来我们来看一下使用Matplotlib绘制的折线图（例2.4）。

■ 例2.4　使用Matplotlib制作折线图的示例程序

```
# -*- coding:utf-8 -*-
```

```
import matplotlib
import matplotlib.pyplot as plt
# 处理乱码
matplotlib.rcParams['font.sans-serif'] = ['SimHei']          # 用黑体显示中文
x = [1, 2, 3, 4]
y = [10, 50, 20, 100]
plt.plot(x, y, "r", marker='*', ms=13, label="a")          # "r"表示红色，
ms用来设置*的大小
plt.xticks(rotation=45)
plt.xlabel("x 轴")
plt.ylabel("y 轴")
plt.title('drawing example2')
plt.legend(loc="upper left")              # upper left 将图例a显示到左上角
# 在折线图上显示具体数值，ha参数控制水平对齐方式，va控制垂直对齐方式
for x1, y1 in zip(x, y):
    plt.text(x1, y1 + 1, str(y1), ha='center', va='bottom', fontsize=20,
rotation=0)
plt.show()
```

执行程序后可以看到图2-5中的折线图效果。

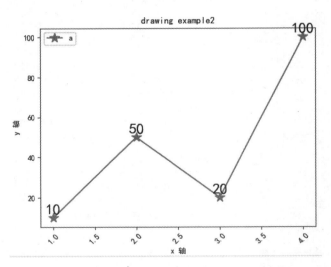

■ 图2-5　使用Matplotlib来做简单制图的示例程序的输出结果

在之后的数据分析中，我们也可以通过柱形图分析有效信息。使用Matplotlib

绘制柱形图的方法如例2.5所示。

■ 例2.5　使用Matplotlib制作柱形图的示例程序

```
# -*- coding:utf-8 -*-
import matplotlib
import matplotlib.pyplot as plt
matplotlib.rcParams['font.sans-serif'] = ['SimHei']# 用黑体显示中文
# 构建数据
x = [1, 2, 3, 4]
y = [350, 490, 230, 680]
# 绘图
plt.bar(x=x, height=y, label='进度', color='steelblue', alpha=0.8)
# 在柱状图上显示具体数值，ha参数控制水平对齐方式，va控制垂直对齐方式
for x1, yy in zip(x, y):
    plt.text(x1, yy + 1, str(yy), ha='center', va='bottom', fontsize=20,
rotation=0)
plt.title("drawing example3")              # 设置标题
plt.xlabel("x 轴"                          # 为两条坐标轴设置名称
plt.ylabel("y 轴")
plt.legend()                               # 显示图例
plt.show()
```

可以看到如图2-6所示的效果。

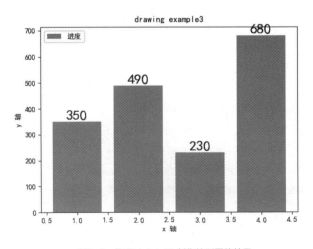

■ 图2-6　使用Matplotlib制作柱形图的效果

在Linux系统中也可以通过包管理器来安装Matplotlib，在CentOS和Ubuntu中的安装命令分别如下：

```
sudo yum install python-matplotlib        #CentOS中安装Matplotlib的命令
sudo apt-get install python-matplotlib    #Ubuntu中安装Matplotlib的命令
```

2.4.4　能提供数表Data Frame和高速计算的pandas

pandas（`http://pandas.pydata.org`）是能使Python的数据处理变得简单高速的程序包。它可以使用和在R语言等上面使用的Data Frame一样的数据，能够使用和Excel相似的图表处理数据。而且pandas的一个特征是在处理大量数值数据的前提下，还可以同时兼顾到速度。

Data Frame是pandas提供的数据类型，比NumPy的数组、矩阵更有进步。它可以做成Excel表格的形状，数据外面是边框，我们可以把行称为index，把列称为column（图2-7）。二维矩阵（数组）虽然和其形状相同，但行和列的职能不同。与之相对的是，Data Frame和Excel相同，列方向是一个数据下面排列多个项目，行方向是以一个数据为单位后面排列多个数据。比如，列方向中排列了"出生地""身高""体重""年龄"这些项目，行方向中排列了"Bill""John""Fred"这些人的数据。

	出生地	身高	体重	年龄
Bill	Toronto	175	68	25
John	Detroit	183	70	23
Fred	Boise	190	72	26

■ 图2-7　Data Frame的示例

pandas的基本数据类型是Series和Data Frame，Series就是序列，与Numpy中的一维数组类似。Data Frame是一个二维的表格型数据结构，可以将Data Frame理解为Series的容器。Data Frame类似二维矩阵，它的每一列都是一个Series。

和NumPy的数组不同之处大概就在于，行（index）和列（columns）具有名称，而且字符串数据和数值数据可以混在一起。示例程序如例2.6。

■ 例2.6　使用pandas数据框架的程序示例

```
import pandas as pd
indata = [('Toronto', 175, 68, 25), ('Detroit', 183, 70, 23), ('Boise', 190, 72, 26)]
df = pd.DataFrame(data=indata, columns=['出生地','身高','体重','年龄'], \
```

```
                        index=['Bill', 'John', 'Fred'])
print(df)
```

列表的名称可以用于检索。

```
print(df['体重'])
```

像上面这样输入以后，就会得到下面的结果。

```
Bill 68
John 70
Fred 72
```

如果想指定两列的话，可以使用下面这种方式。

```
print(df[['体重', '身高']])
```

之后就会得到下面的结果。

```
      体重  身高
Bill  68  175
John  70  183
Fred  72  190
```

如果想指定行的话，要像下面这样做。

```
print(df['体重']['John':'Fred'])
# 或者
print(df['体重'][1:3])
# 输出
John      70
Fred      72
```

此外，还可以用编号指定表中的行和列，用和数组相同的方式进行检索。

```
print(df.ix[1,3])        # id=1, 指定col=3
# 输出
23
```

pandas中有很多用于解析和图表表示的常规程序。

```
print(df['体重'].sum())          # 合计。结果为210
print(df['体重'].mean())         # 算术平均数。结果为70.0
print(df['体重'].median())       # 中位数。结果为70.0
print(df['体重'].max())          # 最大值。结果为72
```

而且Data Frame中含有plot函数，用它可以绘制条形图，下面是示例。

```
from matplotlib import pyplot as plt
df['身高'].plot.bar()            # 使用pandas的Data Frame的plot.bar函数
plt.show()
```

绘制的条形图如图2-8所示。

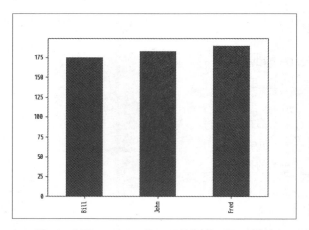

■ 图2-8　使用Data Frame的plot函数绘制条形图示例的输出

andas还可以直接读取和写入Excel的数据（xlsx文件）。Excel数据在用外部程序处理时，常常会转换为用逗号分隔（CSV）的文件，无论是Excel的数据形式还是CSV的数据形式，pandas都可以读写*16。

```
import pandas as pd
df = pd.read_excel(文件名, Sheet1)        # 读取xlsx文件的sheet1的场合
```

---

*16　to_excel(...)是用于pandas的数据框架类的函数。在这个例子中，变量df已经被定义为数据框架了，所以可以对其使用to_excel功能作为Excel文件编写。

```
df=pd.read_csv(文件名, encoding=utf-8)     # 读取CSV文件的场合
df.to_excel(文件名, 表格名)                 # 编写xlsx文件的场合
```

使用read_excel时需要的xlrd程序包和使用to_excel时需要的
openpyxl程序包，都需要用pip命令下载。

```
pip install xlrd
pip install openpyxl
```

2.4.5 scikit-learn

scikit-learn（http://scikit-learn.org/stable/）是机器学习的库，
它提供了完善的机器学习工具箱，可以提供回归分析、主成分分析、k-means
法等统计分析方法的库，以及支持向量机（SVM）、随机森林等用于学习的分
类、聚类、降维的库。本书中除了这些功能，也经常会用到特征提取（feature
extraction）程序包中的文本特征提取等。

scikit-learn提供了一些实例数据以供学习，比较常见的有鸢尾花数据集
（load_iris()）、手写数字数据集（load_digits()）等。比如鸢尾花数据
集可用于分类测试，有150个数据集，共分3类，每类有50个样本，每个样本有4
个特征。每条记录都有4项特征，分别是花萼长度、花萼宽度、花瓣长度和花瓣
宽度。而且，程序包中有下载样本数据的功能，我们为了说明统计方法会用到样
本数据，例2.7显示的是获取iris数据的程序代码。

■ 例2.7　使用scikit-learn来获取iris数据，并绘制相关图的程序示例

```
# -*- coding: utf-8 -*-
import numpy as np
import matplotlib.pyplot as plt
from sklearn.datasets import load_iris
from sklearn.cluster import KMeans
import pandas as pd
iris = load_iris()
species = ['Setosa','Versicolour', 'Virginica']
irispddata = pd.DataFrame(iris.data, columns=iris.feature_names)
irispdtarget = pd.DataFrame(iris.target, columns=['target'])
kmeans = KMeans(n_clusters=3).fit(irispddata)

irispd = pd.concat([irispddata, irispdtarget], axis=1)
```

```
iriskmeans = pd.concat([irispd, pd.DataFrame(kmeans.labels_, \
                        columns=['kmeans'])], axis=1)
irispd0 = iriskmeans[iriskmeans.kmeans == 0]
irispd1 = iriskmeans[iriskmeans.kmeans == 1]
irispd2 = iriskmeans[iriskmeans.kmeans == 2]


plt.scatter(irispd0['petal length (cm)'], irispd0['petal width (cm)'], c='red', \
            marker='x')
plt.scatter(irispd1['petal length (cm)'], irispd1['petal width (cm)'], c='blue', \
            marker='.')
plt.scatter(irispd2['petal length (cm)'], irispd2['petal width (cm)'], c='green', \
            marker='+')
plt.title('iris散点图、k-means法')
plt.xlabel('花瓣的长度(cm)')
plt.ylabel('花瓣的宽度(cm)')
plt.show()
```

例2.7程序的运行结果如图2-9所示。

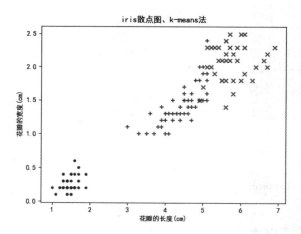

■ 图2-9 使用scikit-learn获取iris数据并绘制相关图的输出结果

cikit-learn依赖于NumPy、SciPy和Matplotlib，因此需要提前安装好这三个库，然后再安装scikit-learn就可以使用了。安装方法和前几个库的安装方式相同，可以通过下面的方式下载使用。

```
pip install scikit-learn
```

2.4.6 统计模型 StatsModels

StatsModels（`http://www.statsmodels.org/stable/index.html`）是用于统计和计量经济学的一种特殊化库和程序包[17]。在本书中主要是作为回归分析的模块来使用的（例2.8）。

■ 例2.8 使用Stats Models来计算相关系数的程序示例

```
# -*- coding: utf-8 -*-
import numpy as np
import matplotlib.pyplot as plt
import statsmodels.api as sm      # 回归分析要利用statsmodels程序包
icecream = [[1,464],[2,397],[3,493],[4,617],[5,890],[6,883],
       [7,1292],[8,1387],[9,843],[10,621],[11,459],[12,561]]
temperature = [[1,10.6],[2,12.2],[3,14.9],[4,20.3],[5,25.2],
       [6,26.3],[7,29.7],[8,31.6],[9,27.7],[10,22.6],[11,15.5],[12,13.8]
]

x = np.array([u[1] for u in temperature])
y = np.array([u[1] for u in icecream])
X = np.column_stack((np.repeat(1, x.size), x))
model = sm.OLS(y, X)
results = model.fit()
print(results.summary())
b, a = results.params
print('a', a, 'b', b)
print('correlation coefficient', np.corrcoef(x, y)[0,1])
```

statsmodels程序包的安装方式如下：

```
pip install statsmodels
```

2.4.7 用于语义主题分析的gensim程序包

genism可以用来处理语言方面的任务，含有语义主题分析（Latent Semantic Analysis.Latent Diricret Analysis）、Word2Vec等库的程序包。详细信息请参考`https://radimrehurek.com/gensim/`。程序包的下载方式如下：

---

[17] Seabold, S., Perktold, J.: Statsmodels: Econometric and Statistical Modeling with Python., Proc. 9th Python in Science Conf. 2010. `http://conference.scipy.org/proceedings/scipy2010/pdfs/se abold.pdf`

```
pip install gensim
```

语义主题分析的模型可以完成像例2.9这样的简单计算。

■ 例2.9　使用语义主题分析模型提取话题的程序示例

```
from gensim import corpora, models, similarities
# 预先准备好texts（分开写的句子列表）
num_topics = 3
dictionary = corpora.Dictionary(texts)     # 把输入的texts变换为dictionary
corpus = [dictionary.doc2bow(text) for text in texts]      # 编写corpus
tfidf = models.TfidfModel(corpus)              # 编写TF-IDF模型
corpus_tfidf = tfidf[corpus]                   # corpus用TF-IDF筛选出重要词语
lsi = models.LsiModel(corpus_tfidf, id2word=dictionary, num_topics=num_topics)
                                   # 用corpus_tfidf编写LSI模型
# 显示话题
print(lsi.show_topics(num_topics, formatted=True))          # 显示topic
corpus_lsi = lsi[corpus_tfidf]  # 把全部corpus_tfidf的语句变换为LSI
for doc in corpus_lsi:
    x = [ sorted(doc, key=lambda u: u[1], reverse=True) for u in doc if len(u)!=0]
    print(x)
```

2.5　数据的准备

近年来，通过互联网可以很容易地找到各种各样的文本数据。虽说如此，但有些数据形式并不能直接作为文本挖掘的数据而输入。本节主要介绍数据的取得和转换。

2.5.1　百度文库

百度文库（https://wenku.baidu.com）是百度发布供网友在线分享文档资料的平台，文档包括教学资料、考试题库、专业资料、公文写作、法律文件等多个领域。百度文库的文档由百度用户上传，需要经过百度的审核才能发布，百度自身不编辑或修改用户上传的文档内容。网友可以在线阅读和下载这些文档。百度用户上传文档可以得到一定的积分，下载有标价的文档则需要消耗积分。该平台支持主流的文件格式，比如doc(.docx)、ppt(.pptx)、xls(.xlsx)、wps、pdf、txt等。

用户在使用百度文库下载文档资料的时候需要百度ID，如果没有，可以先注册一个百度账号。百度文库中的文本资料是资源宝藏，可以用于各种实验和数据收集。由于上传的文档内容各不相同，这些文档资料在作为文本处理对象时需要将一些注释、注音、特殊符号等找出来然后去掉。但是，一般我们能够获得的库和程序包都没有这个功能，所以需要进行一些简单的处理。下面介绍一些文档中经常出现的符号。

[关于文本中出现的符号]

《 》和 〈 〉：书名号，标明书籍、报刊、文件、歌曲、图画名等。
例如：他写了一本复杂深奥但极具价值的书《资本论》。

|：分隔符，在网页项目分类中会经常见到，数学中也会用到这个符号。
例如：a|b,a|c => a|(b+c)=>a|(ma+mb) (m,n∈Z)。

#：在部分编程语言中表示注释的开始，也可以用作话题标签等。
例如：print（"Hello World!"）　#输出Hello World！

{}、[]和()：括号，对句子补充说明。
例如：学校拥有特级教师（含已退休的）17人，高级教师62人。

例2.10是一个在aozora.py文件上编写而成的模块，这个文件需要和程序放在同一个目录下使用。我们可以灵活地改写aozora.py文件中的代码以适应需要处理的文本数据。

■ 例2.10　程序模块Aozora

```
# 文件 aozora.py
# 把class Aozora和想导入的文件放在同一个目录内
import re
import os
class Aozora:
    decoration = re.compile(r"([[[^[ ]]*])|(<[^《》]*>)|[[ | \n]")
    def __init__(self, filename):
        self.filename = filename
        # 编码为utf-8
        with open(filename, "r", encoding="utf-8") as afile:
            self.whole_str = afile.read()
        paragraphs = self.whole_str.splitlines()
        # 去掉最后3行空行后面的注释行
        c = 0
```

```
    position = 0
    for (i, u) in enumerate(reversed(paragraphs)):
        if len(u) != 0:
            c = 0
        else:
            c += 1
            if c >= 3:
                position = i
                break
    if position != 0:
        paragraphs = paragraphs[:-(position+1)]
    # 删除用开头的----行包围的注释区域
    newparagraphs = []
    addswitch = True
    for u in paragraphs:
        if u[:2] != '--':
            if addswitch:
                newparagraphs.append(u)
        else:
            addswitch = not addswitch
    self.cleanedparagraphs = []
    for u in newparagraphs:
        v = re.sub(self.decoration, '', u)
        self.cleanedparagraphs.append(v)
def read(self):
    return self.cleanedparagraphs
```

为了使用Aozora模块，我们需要先访问百度文库（`https://wenku.baidu.com`），根据关键字或者文档名称来寻找作品。文库中的资料按照基础教育、法律、互联网、生活娱乐等划分了不同的类别，在下载的时候，我们可以根据这些类别来寻找想要的文档。

将下载的文件解压保存后，进行以下处理，就可以除去注释等不需要的内容了。

```
from aozora import Aozora
aozora = Aozora("文本文件的位置")
for u in aozora.read():
    #每个段落u的处理
    print(u)
```

比如处理如下这段文字，将开头的注释和<>中的英文去掉。

```
----------------
此处是注释区域
----------------
大约在135亿年前，经过所谓的"大爆炸"<big bang>之后，
宇宙的物质、能量、时间和空间才成了现在的样子。
宇宙的这些基本特征，就成了"物理学"<physics>。
在这之后过了大约30万年，
物质和能量开始形成复杂的结构，称为"原子"<atom><molecules>。
```

使用Aozora模块可以把文件开头以--包围的注释区域以及<>中的内容去掉，得到下面这段文字。

```
大约在135亿年前，经过所谓的"大爆炸"之后，
宇宙的物质、能量、时间和空间才成了现在的样子。
宇宙的这些基本特征，就成了"物理学"。
在这之后过了大约30万年，
物质和能量开始形成复杂的结构，称为"原子"，再进一步构成"分子"。
```

2.5.2 NLTK中含有的语料库数据

用Python进行自然语言处理时经常会用到NLTK程序包（Natural Language Toolkit，`http://www.nltk.org/`），这其中含有语料库数据。关于这个英语语料库数据，在NLTK Corproa的页面（`http://www.nltk_data/`）上有其内容列表，在Corpus HOWTO的页面（`http://www.nltk.org/howto/corpus.html`）上有其访问方法的说明。本书中不太会用到英文数据，所以只介绍一部分。

首先，下载NLTK语料库的程序包。在命令提示符中，输入如下命令：

```
Python
```

这样输入以后，Python会启动交互模式，在其中输入并运行下面的语句。这是下载在NLTK程序包里使用的数据和程序的命令。

```
>>> import nltk
>>> nltk.download()
```

　　之后会出现一个界面，询问下载哪个程序包，如图2-10所示。

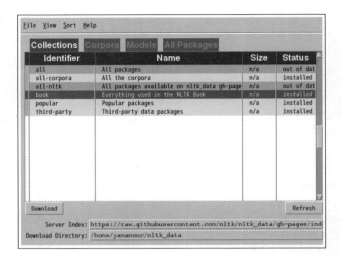

■ 图2-10　NLTK的程序包下载对话界面

　　选择Collections列表，然后我们可以选择带有样本数据的book，然后点击Download按钮。下载是需要时间的，下载后的数据会保存到本地的文件中，所以只需要最初下载一次，下次没必要再下载。如果有时间的话，最好选择all下载全部。下载完成后，在Python中输入如下命令：

```
>>> from nltk.book import *
```

　　这样输入以后，就会得到如下结果。这个text1~text9就是样本数据。

```
*** Introductory Examples for the NLTK Book ***
oading text1, ..., text9 and sent1, ..., sent9
Type the name of the text or sentence to view it.
Type: 'texts()' or 'sents()' to list the materials.
text1: Moby Dick by Herman Melville 1851
text2: Sense and Sensibility by Jane Austen 1811
text3: The Book of Genesis
text4: Inaugural Address Corpus
text5: Chat Corpus
text6: Monty Python and the Holy Grail
text7: Wall Street Journal
```

```
text8: Personals Corpus
text9: The Man Who Was Thursday by G . K . Chesterton 1908
```

让我们来看看text7中的数据吧。数据已经按单词划分开，变成列表形式了。执行如下代码，从列表中把元素一个个提取出来。

```
for u in text7:
    print(u, end=' ')    ←显示u。之后不换行插入空白
    if u=='.':           ←出现句号后换行输出
        print()
```

输出结果如下：

```
Pierre Vinken , 61 years old , will join the board as a nonexecutive
directorNov. 29 .
Mr. Vinken is chairman of Elsevier N.V. , the Dutch publishing group .
（以下省略）
```

print函数的end=参数用于指定这次输出结束后，下次输入的内容。如果不指定的话就会换行，这里的end=' '是指定插入空白，所以单词和单词之间是有空格的。而如果是end=' '的话，词和词之间没有空白，单词就黏在一起了。

我们再次在图2-10的下载选择界面上选择Corpora列表，就可以下载语料库了。把所有的语料库都下载下来之后，我们先尝试用一下brown、inaugural吧。

```
from nltk.corpus import brown
print(brown.raw('ca01'))
```

这样，就可以得到下面的Brown Corpus（带有备注）。

```
        The/at Fulton/np-tl County/nn-tl Grand/jj-tl Jury/nn-tl said/vbd Friday/nr
an/at investigation/nn of/in Atlanta's/np$ recent/jj primary/nn election/nn
produced/vbd ``/`` no/at evidence/nn ''/'' that/cs any/dti irregularities/nns took/v
bd place/nn ./.

        The/at jury/nn further/rbr said/vbd in/in term-end/nn
presentments/nns that/cs the/at City/nn-tl Executive/jj-tl Committee/nn-tl ,/,
（以下省略）
```

或者执行下面的两行代码。

```
from nltk.corpus import inaugural
print(inaugural.raw('1789-Washington.txt'))
```

这样，就得到了1789年华盛顿总统任职演讲的文本。

```
Fellow-Citizens of the Senate and of the House of Representatives:

Among the vicissitudes incident to life no event could have filled
me with greateranxieties than that of which the notification was
transmitted by your order, andreceived on the 14th day of the present
month.
（以下省略）
```

2.5.3　推特的数据

SNS（社交网站）中的代表有推特（`https://twitter.com`），它上面的"吐槽"和小说不同，这是反映当今社会现象的重要信息源和语料库。因为`twitter.com`提供了搜索引擎，所以我们可以通过复制的方法，简单地获取到推特public timeline上的吐槽。

虽然程序中也备有几个接口，但我们在这里要介绍一下NLTK提供的框架。在NLTK的HOWTO文档Twitter HOWTO（`http://www.nltk.org/howto/twitter.html`）上写了详细的说明，详细信息请参照说明，下面介绍一下大致的步骤。

首先，我们要取得访问推特需要的认证信息，关于这一点在上面的HOWTO上有详细介绍。在拥有`twitter.com`账号的前提下，登录账号，点击Create New App按钮。

输入必要的信息后，再点击Keys and Access Tokens。这样，我们就获取了Consumer Key和Consumer Secret。再次进入Keys and Access Tokens，点击下方的Create my access token，这样就获取了Access Token和Access Token Secret，这四个就是必要的认证信息。

把这四个认证信息作为文本数据写入文件中，文件名是`credentials.txt`，此文件所在目录（文件夹）的路径为`/path/to/credentials/`。文件内容的写法如下：

```
app_key=YOUR CONSUMER KEY
app_secret=YOUR CONSUMER SECRET
oauth_token=YOUR ACCESS TOKEN
oauth_token_secret=YOUR ACCESS TOKEN SECRET
```

在YOUR...KEY的这些部分中，分别在各自的位置把这4个认证信息写进去。认证信息是文字，在文件中直接输入字符串就可以了，不需要用引号。

这里需要声明存放此文件的目录路径信息/path/to/credentials/。在Windows中，就向用户环境变量TWITTER设定路径信息/path/to/credentials/。具体来说，就是在Windows 10中右击画面左下角的Windows按钮，选择"系统"，点击左框的"关于"，选择"系统信息"，在高级系统设置界面，点击右下方的"环境变量"，在上方的"用户变量"栏中，添加名称"TWITTER"和作为值的credentials.txt文件的路径信息。在这里写的只有路径名（目录部分），不包含文件名credentials.txt。如果用的是macOS和Linux的操作系统，在主目录下面的.bash_profile或者.bashrc文件中，需要增添下面的信息。

```
export TWITTER="/path/to/credentials/"
```

在macOS和Linux中也一样，这里写入的只有路径名（目录部分），不包含文件名credentials.txt。下面我们要安装Python的库和程序包twython。在命令提示符中输入如下命令。

```
pip install twython
```

完成之后，我们尝试编写像下面这样的文本程序吧。

```
from nltk.twitter import Twitter
tw = Twitter()                              ←制作类Twitter的对象tw
tw.tweets(keywords='happy', limit=10)       ←调用tweets函数
```

在keywords中指定检索关键词。但是，如果是中文文本的话，可以指定空白文字列，然后再从得到的结果中自行选择。

依照笔者的经验，社交网站中的数据有很多颜文字和图画文字，比如表示非常开心的(*^▽^*)这样的文字。因为含有RT、URL等信息，所以在处理这些文本数据之前，需要仔细地进行清理（也称为数据清洗）。因为有很多字并没有按照规则输入，所以我们必须要编写相应的程序来进行清理。

2.5.4　官方发言以及政治方针

美国总统的任职演讲已经被很多语料库收入，中国外交部的官方主页（https://www.fmprc.gov.cn/web/）中可以找到很多官方发表的政治方针和阐述理念立场的演讲内容。在外交部的官方网站中可以找到政府公开的信息、外交部对外的发言、国家最新动态等信息。

这一类文本数据中的文字记载比较正式，与网络社交平台中的网络用语完全不同。这些文本内容并不是很长，我们可以直接在页面上使用文本编辑程序复制粘贴就可以获得了。

2.5.5　scikit-learn和R的样本数据

scikit-learn中附带用于练习数据统计处理的样本数据。虽然它不是文本，不能直接作为文本挖掘的对象，但是可以用来练习数据分析的方法。在这些便于利用的数据中，除了有http://scikit-learn.org/stable/datasets/的"5.2Toy Datasets"表中的7个数值数据，还可以获取图像数据的样本，生成服从指定统计分布的随机数据程序和外部数据（Olivetti的面部数据、网络新闻、用于机器学习的mldata、Labeled Faces in the Wild的面部识别数据、路透社的语料库数据）。具体的获取方法在http://scikit-learn.org/stable/datasets/上有对各个数据项目的简单说明。

另外，还可以访问统计程序包R中附带的样本数据。数据内容请参照R的样本数据一览表页面（https://stat.ethz.ch/R-manual/R-devel/library/datasets/html/00Index.html）。如果要访问R的样本数据，用rpy2程序包会很便利。

```
pip install rpy2
```

这样下载后，就可以访问了。

```
from rpy2.robjects import pandas2ri
pandas2ri.activate()             # 预先activate
from rpy2.robjects import r
irisdf = r["iris"]               # 把R的iris数据读取到irisdf中
titanic = r["Titanic"]           # 把R的Titanic数据读取到titanic中
```

## 第 3 章

文本分割和数据分析的方法

文本挖掘是利用分析文本数据取得的信息，比如出现频率等，借助统计分析的方法，把压缩后有价值的信息提取出来。文本挖掘需要用到对文本数据的分割和各种统计分析手法，本章会整理关于它们的基础知识。分析文本时，首先要把文本分割成词语、语句、段落这样的元素，本章会概括介绍一下分割的理论方法。关于用Python分割的具体操作会在第4章中详细说明。关于统计分析和数据分析，在整理文本挖掘需要用到的基础知识的同时，也会介绍一下在Python上的处理方法。此外，对于在第5章中要具体介绍的文本挖掘特有的方法，本章会做简略介绍，给读者留下大致印象。

3.1 文本的构成元素

在对一篇文章或文本数据进行分割的时候，可以使用如下方法。

文本（文章） ⟹ 章、节 ⟹ 语句词（词语） ⟹ 文字

比如分割图3–1中的文本数据。

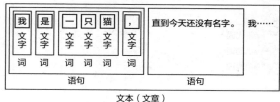

图3-1 文本的构造（《我是猫》的开篇部分）

我们从小处着手的话，文本的最小单位是文字。在英语中就是字母、数字，汉语中就是汉字。文本挖掘就是从语句、章节、文章中分析文字和词语的使用情况，从而提取出隐含的信息。

3.1.1 分割为词语

词语是一个以上的文字，并列后组成有意义的句子的最小单位。从写好的文章中分离提取出词语是重要的基本技能。在英文中，单词之间有空格，所以基本可以自动分割。但在实际上，词与词之间不只是空格，还有句号"。"、逗号"，"、冒号"："、括号"（ ）"等标点符号，在分割时也要将它们考虑进去[1]。

像《我是猫》（中文版本）这篇文章一样，词和词之间没有空格而是连续的，所以就需要我们把文本中的词语切割出来[2]。汉语的词语分解是通过"语素分析"进行的。语素分析基本上就是看着字典识别词语，然后再分割开。因此，字典上没有收录的词语就没有办法分割。比如，如果字典上没有"文化科学部"这个词语的话，就没办法把它作为一个整体分割出来，而是分割成字典上有的"文化"

---

[1] 有时候，句号、逗号等符号前后会有空格，所以根据空格划分的话，自然就可以把符号分割开了。

[2] 小学语文中见到的"分开写"，是一种在词语之间插入空白的写法。从处理方法来看，因为和英语中把单词分割开的写法很像，所以可以用和英文文本一样的方法来处理这种文本。但是平常大人用的写法，单词之间是连续的，没有被分割开，所以就需要用我们这里说的语素分析来做分割的处理。而且，"分开写"这种写法也不是以"词"为单位的，比如"我"+"是"连在一起就是"我是"，以这种句节为单位的分割很普遍。

"科学""部"这三个词。在实际应用中，我们会倾向于像这样把几个词连在一起，作为一个新词来使用，但是，因为字典上没有收录这样的新词，就会把它们分割开，这就会对后面含义的解释造成困难。

另外，语素分析不只是把词语分割出来，还可以知道词语的词类（名词、动词、形容词、副词、代词、助词等）等信息（例3.1）。

■ 例3.1　语素分析的例子

我是一只猫	
我	r（代词）
是	v（动词）
一只	m（数词）
猫	n（名词）

在分析英语文本时，因为可以根据空格分割单词，所以没有必要为了分割单词而使用语素分析，但为了判断单词的词类（词尾有变化时）和单词原形等，还是需要用到语素分析。这个工作称为做标记（tagging），而做这种处理的语素分析程序叫作语法标记器（tagger）。

在英语中会存在"写法差异"这种问题，比如colour和color、centre和center等。这些差异性的写法都是被大家熟知的，所以可以准备好必要的变换信息。

3.1.2　分割为语句

语句可以看作是几个词语并列在一起组成的一个表达单位。虽然不能说一句话一定有一个完整的意思，但大部分语句都可以看作一个表达单位，所以对每句话的解释是很有用的。比如说"我是一只猫。"这句话本身是具备含义的。如果只有"我""猫"这样的词语，那"我"怎么了，"猫"又怎么了，读的人完全搞不清楚。只有连成句子，我们才知道作者想表达的含义。这样看来，我们可以说语句是重要的分析单位。

句子和句子之间，可以通过外表来进行机器分割。从文本中提取句子时，我们可以通过找划分句子的标点符号来进行分割，比如句号在汉语中是"。"，在英语中是"."。但是还有不是句号的划分符号，比如说感叹号"！"、问号"？"等。而且，在有些场合中，上面这些符号的作用不是划分句子。比如句号可以表示省略（J.F.Kennedy中句号表示的是首字母后面省略的内容），括号"（ ）"可以像"我是jockey（旗手）"这样来使用。总之，不是"只要出现句子划分符号就分割"这样简单的事情。还有，题目、条款后面可能会不加符号，而是直接换行。关于这些分割方法，我们会在后面的章节中讨论。

　　语句不管是对读者还是作者来说都是一个含义的表达单位，在文本挖掘的分析中，也被作为一个单位来处理。比如根据一个语句中的文字数或词语数，我们可以测定各个句子的长度。通过了解文章整体语句的长度，一方面在写作方法上，我们可以做出比如"整体长句子多，阅读比较困难"这样的判定；另一方面，我们掌握了整体上句子长短的这种文体特点后，可以把它作为判断作者的一个指标。

3.1.3　分割为段落、章节

　　比语句更大的单位还有文章中的段落、章节等。段落、章节是一种含义表达，可以作为语义分析的单位。特别是在欧美正式的文章中，比如新闻、评论、论文等，一个段落应该具备一个主张，这一规则是非常重要的。因此，把一段作为一个语义单位，提取出其中的关键词和主旨，这对内容分析来说非常有用。而且，分析段落间的关系，可以帮助我们理解文章的整体结构。

　　把文章分解为词语来分析时，我们可以测定各个词语出现的频率和出现方式，并提取出主题和关键词。此外，还可以分析多个词语以组合的形式出现的频率和这种形式的重要程度。其中，如果我们注意相邻词语的连接（N-gram），以及同一区域（语句、段落）内出现的词语搭配（叫作搭配关系、搭配词组），就可以做统计出现频率的分析和下节中会讲到的语法结构分析。

　　利用机器统计相邻的词语组合或同一语句、段落中出现的词语搭配这种方法，在分析中经常会用到。考虑到经常同时出现的词与词之间会有较强的关联性，通过制作它们之间的关系网分析其中的搭配关系，我们可以分析并掌握文章的主旨大意。

　　把文本分割成段落这个工作，一般情况下可以靠检测空行来完成。程序只要检测出连续两次换行的情况就可以了。但是这个原则不是对所有文本都成立的，有些时候通过缩进来进行段落划分。再者说，有空行也不一定是划分段落，比如，正文和表格之间就会插入空行，所以需要我们多加注意。比如，列表前后插入空行的情况。

关于问题的原因，我们可以考虑以下两点。
（空白行）

> · 情况1的说明
> · 情况2的说明
> （空行）
> 像这样，......

在这种情况下，空行就不是用来划分段落了。

3.1.4 语法分析

语句的结构叫作"语法"或"句式规则"。句子中词语的排列方式是有规则的，比如我们在英语课上学到的"S+V+C""S+V+O+O"等，这些就相当于是英语中的句式规则。基于语法的连接，特别是动词和主语的连接以及动词和宾语的连接等，是分析语句主旨的有用信息。像祈使句这样的句子结构本身就带有含义（英语祈使句的结构是没有主语，从动词开始的这种句式，有传达命令的含义），而且几个单词组成的句子或小节是表达意义的整体。如上所说，如果我们想把语句结构中包含的信息提取出来的话，语法分析就是一种必要的分析了。但是用机器进行分析的话，不一定都很顺利。如例3.2是英语语法分析结果的一个示例，to our nation的标记可以这样解析：原句可以按thank–President Bush–to our nation这种顺序来表达。但从词语的含义方面考虑的话，应该是service–to our nation才对，所以说是解析出现了差错。

■ 例3.2 英语语法解析的示例

```
"I thank President Bush for his service to our nation."
(ROOT
  (S
    (NP (PRP I))
    (VP
      (VBP thank)
      (NP
        (NP (NNP President) (NNP Bush))
        (PP (IN for) (NP (PRP$ his) (NN service))))
      (PP (TO to) (NP (PRP$ our) (NN nation))))
    (..)))
```

而汉语的情况和英语不一样，汉语的语序更加灵活多变，比如"这事不好说。"和"这事说不好。"这两个句子的含义完全不同，这种现象在英语中是没有的。比起语法分析，哪个词和哪个词能有意义地结合在一起，这样的关联分析被更为广泛地使用。依靠这个，我们可以在一定程度上做到提取出动词和主语的连接、动词和宾语的连接等，这可以作为掌握语句主旨的线索。

图3-2中是对句子"远处悠扬的钟声忽然惊醒了海的酣梦。"的句法分析示例。汉语的一个单句一般由主语、谓语、宾语、定语、状语、补语这些成分构成，其中主语、谓语、宾语是句子的主要成分，是句子的主干部分，定语、状语、补语是句子的附加成分，也就是句子的枝叶。

■ 图3-2　句法分析示例

在这个分析示例中，定语"远处"和"悠扬"位于主语"钟声"的前面，定语"海"位于宾语"酣梦"的前面，起到了修饰和限制的作用。同样，状语"忽然"也是在宾语"酣梦"的前面，起到了修饰的作用。

3.1.5　语义分析

比文本的语法结构分析更高级的分析是语义分析，也就是对文本语义的理解。如果我们能把文本所持的观点提取为一般形式的话，对信息的压缩和理解都是很有帮助的。但是，首先从语义的表达方式来看，靠机器来提取文本语义是不能成立的，而且就算可以，也肯定非常困难。另一方面，通过限定目标来提取文本语义的这种实验正在广泛进行中。

用机器分析来推测语义，或者说作者想表达的内容，有一个语义主题分析的例子。这个方法的观点是，在相同上下文环境中出现的词语有着相同的含义，所以对词语的上下文环境进行统计分析可以用于推测文章语义。利用这个方法可以做到比如测量句子或段落语义的近似度、表达内容的类似度，然后就可以把含义相近的语句和段落集中在一起了。

文本挖掘是以文本中的统计学倾向为中心，提取出文章想表达的语义、主旨等。但是语义主题分析的利用还不是十分顺利。随着这个领域的发展，将来我们有希望用到更加准确的主题分析工具。

3.2 统计分析、数据挖掘的基本方法

文本挖掘是从作为分析对象的文本中，提取出有意义的信息的一种技术。对多个文本数据进行分析后，我们能得到很多和文本有关的数值数据。从这些数据中提取出有意义的信息就是文本挖掘。提取信息时，我们需要用到一个强有力的工具，即统计学方法。

在本节中会简要介绍一下在进行数据的统计处理时用到的一些方法。至于统计的数学理论和计算的详细步骤，请参考其他教科书[3]。

3.2.1 数据简介

本节主要介绍有助于概括和归纳数据的平均数、方差等指标，以及频率分布图等形象化工具。

首先，我们可以统计文章中每句话的字数，把文章语句的长度收集到一起进行分析。表3–1是《我是猫》（中文版）开头20个句子的长度（文字数量）的计数结果。我们来概括和归纳一下这个数据的整体特点。

语句编号	0	1	2	3	4	5	6	7	8	9	10	11	12	13	14	15	16	17	18	19
文字数量	14	52	38	18	50	25	21	14	19	38	30	33	18	19	20	28	15	28	55	23

■表3–1 《我是猫》开头20个句子中每个句子的文字数量（按照句子的出现顺序排列）

平均

"平均数"经常被作为整体数据的代表来使用，更准确地说，应该是"算数平均数"，它是所有数值之和除以个数后得到的值。

$$average = \frac{\sum_i x_i}{n}$$

其中，$\sum_i x_i$表示各个数值的总和，n表示数据的个数。根据公式，可以得到表3–1中数据的算数平均数。

$$average = (14 + 52 + 38 + \cdots + 23) / 20 = 27.9$$

---

[3] 比如东京大学教育部统计学教室 编辑：统计学入门（基础统计学 I）东京大学出版社 1991

也就是说，《我是猫》开头20个句子的字数平均数是27.9。总之，平均就是希望用一个值来表示数据的整体特点。比如，我们可以讨论开头这20个句子的平均数和后半部分的平均数差异，还可以和同一个作家的其他小说进行比较，或者和其他作家的小说进行比较等。比如巴金的《家》开头20个句子的字数平均值是33.4，我们就能知道《家》和《我是猫》相比句子更长。

除了这个，表示平均的指标还有中位数（median）和众数（mode）。中位数是把数据按大小排列后，最大数值和最小数值之间的最中间（中央）位置上的那个数值。当数据个数是偶数时，就取中间那两个数值的平均值。把表3-1中的数据从小到大排列后的结果如表3-2所示。

由于表3-2的数据个数有20个（是偶数），所以中位数取第10个数值和第11个数值的平均数。在这个示例中是取语句编号为19和5的对应文字数量23和25，结果是24，也就是说中位数是24。

语句编号	0	7	16	3	12	8	13	14	6	19	5	15	17	10	11	2	9	4	1	18
文字数量	14	14	15	18	18	19	19	20	21	23	25	28	28	30	33	38	38	50	52	55

■ 表3-2 《我是猫》开头20个句子中每个句子的文字数量（按字数升序排列）

众数是出现次数最多的数值。表3-3是数值的出现次数，众数是出现过两次的14、18、19、28和38。不同于算数平均数和中位数，一组数据中可以有多个众数，这可能让大家觉得有点奇怪。如果所有数值的出现次数都相同的话，则没有众数。

文字数量	14	15	16	17	18	19	20	21	22	23	24	25	26	27
频数	2	1	0	0	2	2	1	1	0	1	0	1	0	0
文字数量	28	29	30	31	32	33	34	35	36	37	38	39	40	41
频数	2	0	1	0	0	1	0	0	0	0	2	0	0	0
文字数量	42	43	44	45	46	47	48	49	50	51	52	53	54	55
频数	0	0	0	0	0	0	0	0	1	0	1	0	0	1

■ 表3-3 《我是猫》开头20个句子中每个句子的字数出现的频数

直方图（频数分布图）

把频数画成直方图（频数分布图），可以帮助我们直观地了解分布状态。这个例子的直方图如图3-3所示。

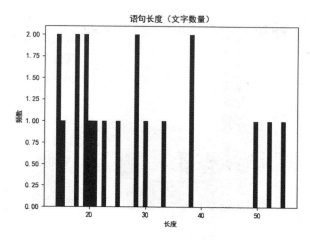

■ 图3-3　《我是猫》开头20句话中每句话的字数的直方图

　　但是，因为横坐标上一个刻度表示一个数值的频数，所以有很多频数为0的地方。这样的话就很难把握数据的整体特征。如果我们把4个数值作为一个单位，把整体分为11组来统计频数的话，结果如表3-4和图3-4所示。

文字数量	14～17	18～21	22～25	26～29	30～33	34～37	38～41	42～45	46～49	50～53	54～57
频数	3	6	2	2	2	0	2	0	0	2	1

■ 表3-4　把《我是猫》开头20个句子的字数的频数以4个为一组划分

　　表示数据分散情况的指标有"四分位数间距"和"方差""标准差"这两种类型。直观的、形象化的"四分位数间距"是把数据按大小排列后，分成4等份，从数值小的部分开始。

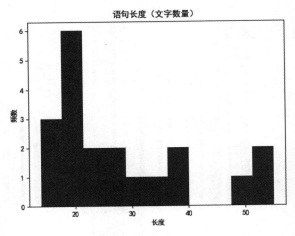

■ 图3-4 《我是猫》开头20句话中每句话的字数

1/4地方的值叫作第1四分位数，2/4地方的值叫作第2四分位数，3/4地方的值叫作第3四分位数。如果想把四分位用更形象化的方法表示的话，可以用图3-5那样的"箱形图"。图中"箱子"的部分表示的是从第1四分位到第3四分位，而中间的线表示中位数。上下延伸出来的"小胡子"表示最大值和最小值。根据这个图，我们一眼就能明白数据的分散情况。

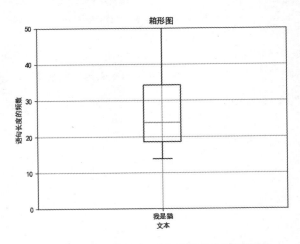

■ 图3-5 《我是猫》开头20个句子每句字数统计箱形图

方差

"方差"是衡量数据离散程度指标的数值，是每个数据x_i和算数平均数$\overline{X}$之差$(x_i - \overline{X})$的平方和除以数据个数后得到的值。

$$方差 = \frac{\sum_i (x_i - \overline{X})^2}{n}$$

方差是测算每个数值和平均值的差异程度，计算其平方之后的和，再除以数据个数后得到的标准化的值。

标准差σ是方差的平方根[4]。

$$标准差 \ \sigma = \sqrt{方差} = \sqrt{\frac{\sum_i (x_i - \overline{X})^2}{n}}$$

方差是把数据平方后得到的值，所以如果原来数值是两倍的话，方差就是4倍，但标准差是方差的平方根，所以和原来数值一样是两倍。

对《我是猫》开头20句话的字数这组数据求方差和标准差，则得到方差=154.39，标准差=12.43。

方差、标准差的分母

在教科书中，计算方差、标准差时，有时分母是（n-1）。

$$方差 \ \upsilon = \frac{\sum_i (x_i - \overline{X})^2}{n-1}$$

$$标准差 \ \sigma = \sqrt{方差} = \sqrt{\frac{\sum_i (x_i - \overline{X})^2}{n-1}}$$

从原始数据（总体）中抽取一部分数据作为样本（sample）并计算样本的方差，然后用样本方差来推测总体的方差，上面的公式就是来源于这种想法。在对样本求方差（样本方差）时，如果对样本x_i进行同样形式的运算，那么得到的这个值和总体的方差是有差异的。关于这部分内容的详细论述请参考其他的统计学教科书。总之，用样本求总体方差的估计值（无偏样本方差），要用上述分母为（n-1）的式子。尤其是当数据数量n较少时，这个差异会很显著，所以要多加注意。

---

[4] 为了和方框中提到的样本方差区别开，原始数据（总体）的方差也叫作总体方差。

　　Python的数值计算库NumPy中计算方差、标准差的var函数，通过指定ddof参数，可以选择上述的式子。如果不指定参数用默认值（ddof=0）来计算的话，就只能简单地计算除以n得到的值。与之相对，统计分析包R中的var函数，默认的是把n−1作为分母来计算方差，所以得到的结果就会有差异。

　　统计文本中语句的字数并制作成条形图和箱形图的程序如例3.3所示。

■例3.3　统计《我是猫》文本中语句的字数并绘制条形图和箱形图程序

```
# -*- coding: utf-8 -*-
from aozora import Aozora
import re
import numpy as np
import matplotlib.pyplot as plt
aozora = Aozora("cat.txt")
# 分解成句子
string = '\n'.join(aozora.read())
string = re.sub('[\, \——\ "" \: \! \: \、\? ]', '', string)
string = re.split('。(?!」)|\n', re.sub('[\, \——\ "" \: \! \: \、\? ]',
'', string))
while '' in string:  string.remove('')    # 删除空行
# 对开头20句话以句为单位进行语素分析，只提取出名词，并给每个句子制作其中单词的原形列表
lengthlist = np.array( [len(v) for v in string])
print('average', lengthlist.mean())
print('variance', lengthlist.var())
print('std-deviation', lengthlist.std())
for u in lengthlist: print(u)              # 把各个句子的长度按出现顺序表示出来
print("******")
for u in sorted(lengthlist): print(u)      # 把各个句子的长度按大小顺序表示出来
plt.rcParams['font.sans-serif']=['SimHei']
plt.rcParams['axes.unicode_minus']=False
fig = plt.figure()
plt.title('语句长度（文字数量）')
plt.xlabel('长度')
plt.ylabel('频数')
plt.hist(lengthlist, color='blue', bins=50) # 用bins指定直方图的横轴区分数
plt.show()
# 制作箱形图
plt.boxplot(lengthlist)
plt.xticks([1], ['我是猫'])
```

```
plt.title('箱形图')
plt.grid()
plt.xlabel('文本')
plt.ylabel('语句长度的频数')
plt.ylim([0,50])
plt.show()
```

标准差作为衡量数据离散程度的指标，具有以下性质。在正态分布[5]中，以下性质成立。其中 μ 表示平均数，σ 表示标准差。

　　　　在 μ ± σ 的范围中，包含了整体约68%的数据。

　　　　在 μ ± 2σ 的范围中，包含了整体约95%的数据。

　　　　在 μ ± 3σ 的范围中，包含了整体约99.7%的数据。

分析结果如图3-6所示。根据经验得知，这个性质对与正态分布近似的左右对称的钟形分布在一定程度上也是适用的，所以利用这个性质对这样的分布可以做大致的预测。

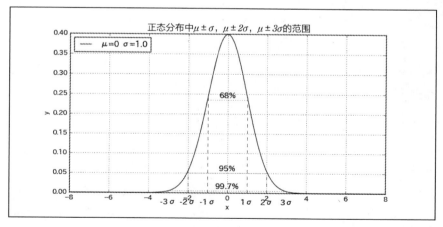

■图3-6　钟形分布中 μ ± σ，μ ± 2σ，μ ± 3σ 的范围中所含的数据

严格来说，对哪种分布都适用的式子是切比雪夫不等式。

---

[5]　因为本书不会直接用到统计分析模型，所以不讲解这些内容。详情请参考统计学教科书。比如：东京大学教育部统计学教室 编辑：统计学入门，东京大学出版社，1991。

$$(|x-\mu|\geq k \quad \sigma)的概率\leq 1/k^2的概率$$

根据这个式子可知，不管哪种分布，都满足以下条件。

在$\mu\pm 2\sigma$的范围中，至少包含整体约75%的数据。

在$\mu\pm 3\sigma$的范围中，至少包含整体约89%的数据。

在$\mu\pm 4\sigma$的范围中，至少包含整体约94%的数据。

但是，这个表示的是下限，和正态分布的性质相比，数值偏小（偏保守）。

3.2.2 两个变量之间的关系——相关性分析和回归分析

在某些情况下，我们想知道两个变量的增减变化是否有关联，如果有关联的话，则称为"有相关性"，而这种研究有无关联性的分析称为"相关性分析"。

想要判断两个变量之间是否具有线性相关的关系，最直接的方法就是绘制散点图，然后观察变量之间是否符合某种规律变化。当需要判断多个变量之间的相关性时，分别绘制它们的散点图比较麻烦，这种情况下可以通过散点矩阵图同时绘制多个变量之间的散点图，快速地发现多个变量之间的主要相关性。

下面是每月气温和每户家庭的冰激凌开销金额数据，如表3-5所示。

月	1	2	3	4	5	6	7	8	9	10	11	12
每月平均气温（℃）	10.6	12.2	14.9	20.3	25.2	26.3	29.7	31.6	27.7	22.6	15.5	13.8
冰激凌开销（日元）	464	397	493	617	890	883	1292	1387	843	621	459	561

■ 表3-5 2016年每户家庭的冰激凌支出金额

以平均气温为横坐标，以每月冰激凌开销为纵坐标，把表3-5的数据画成散点图（用点表示每月数据的图表），如图3-7所示。在这个图中，每月的点从左下到右上排列，由此我们大概就能得知，存在气温越高冰激凌销量越好的相关性。

与之相比，更为确切地研究两个变量之间的相关程度、相关类型的分析就是相关性分析。相关性分析主要是处理直线型关系。散点图右上方向的直线，即随着横坐标上值的增加，纵坐标上的值也增加，这种关系叫作"正相关"。而右下方向的直线，即随着横坐标上值的增加，纵坐标上的值减小，这种关系叫作"负相关"。还有表示数据的点集中在直线附近的话叫作"强相关"，表示数据的点离直线较远的话叫作"弱相关"。如果点和直线没有关系，而是散乱分布的话，就可以说"没有相关性"（图3-8）。

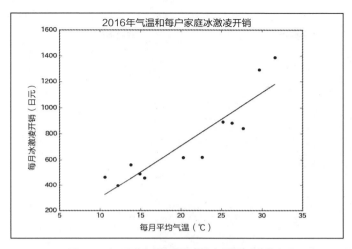

■ 图3-7　表示平均气温和每月冰激凌开销关联的散点图

各种类型的相关性分析如图3-8所示。

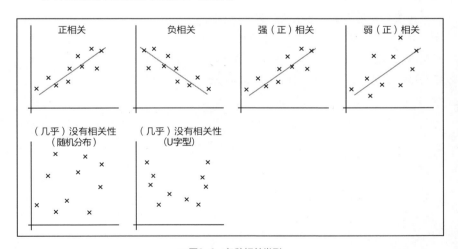

■ 图3-8　各种相关类型

为了表示相关的正负和强弱，我们会用到相关系数（correlation coefficient）这个指标。对于相关系数的定义有几个提案，被广泛使用的是皮尔森积矩相关系数。假设数据是(x_1, y_1)，(x_2, y_2)，$\cdots$，(x_n, y_n)，则相关系数r的定义如下：

$$r = \frac{\sum(x_i - \overline{X})(y_i - \overline{Y})}{\sqrt{\sum(x_i - \overline{X})^2}\sqrt{\sum(y_i - \overline{Y})^2}}$$

协方差 cov 的表达式如下：

$$cov = \sum(x_i - \overline{X})(y_i - \overline{Y})/n$$

除以 x 和 y 的标准差 σ_x 和 σ_y 的积表达式如下：

$$\sigma_x = \sqrt{\sum(x_i - \overline{X})^2/n}$$
$$\sigma_y = \sqrt{\sum(y_i - \overline{Y})^2/n}$$

即相关系数 $r = cov/\sigma_x\sigma_y$。而且，r 的范围永远是 $-1 \leqslant r \leqslant 1$。

对冰激凌的开销数据进行计算，得到相关系数为0.910，可以说是很强的正相关。

相关系数是两组数据在散点图上呈直线型相关时，测算各个点到直线的距离。如果图形不是直线，比如在散点图上是U字形（图3-9）或倒U字形等强相关性的情况，虽然是强相关，但相关系数接近0。因此，只看相关系数的数值就判断两组数据没有相关性的做法是很危险的，绘制散点图是必要的。

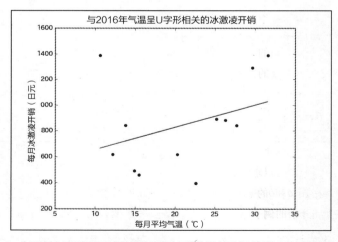

■ 图3-9　为了绘制U字形图而制作的假的冰激凌开销数据（通过计算得知相关系数为0.3565）

因为有相关性所以有因果关系——这种判断是有问题的。首先，因果关系有一种从原因到结果的方向性。当由原因x产生了结果y时，我们可以看到x和y具有正相关性。在这种情况下，我们当然不能说是由于原因y产生了结果x。也就是说，只从相关性来看，我们不能确定哪个是原因，哪个是结果。再者，在原因x能决定结果z，原因y也能决定结果z的情况下，x和y之间有相关性，但我们不能因此说x能决定y。

回归分析是通过建立模型研究变量之间的关系的密切程度以及模型预测等有效的工具。在数据挖掘的环境下，自变量和因变量具有相关关系，即自变量的值是已知的，而需要预测的是因变量的值。回归分析是我们认为有相关性的变量之间可能有因果关系时，用这个模型作为函数，即用函数的形式求输入和输出的因果关系。其中我们需要声明输入的是哪个变量（在统计学中称为自变量），输出的是哪个变量（在统计学中称为因变量）。

在冰激凌开销的例子中，自然是以平均气温为自变量（输入），冰激凌开销为因变量（输出）。于是，可以得到如下式子。

$$冰激凌销量 = f（平均气温）$$

我们就用上面这个函数f来进行分析，即$f(x)$的表达式如下：

$$f(x) = ax + b$$

在这里，我们把x的系数设为a，常数设为b。a和b的决定方法是，画直线时，让各个点到这条直线的距离的平方和最小（最小二乘法）。平方和L的表达式如下：

$$L = \sum \{y_i - (ax_i + b)\}^2$$

这样，我们就可以求L最小时，a和b的值了。求a和b的偏微分并分别使其等于0，可求得关于a和b的联立一次方程式，求解后，可分别得到a和b的式子。

在冰激凌开销的例子中，$a=40.70$、$b=-107.1$。把a和b的值代入方程式中，则y的表达式如下：

$$y = 40.70x - 107.1$$

上面这个式子叫作"回归方程"或"回归直线"。图3–7中散点图的直线就是用这种方法得到的回归直线。

相关系数是衡量回归直线合适程度的尺度。相关系数是1或–1时，表示数据的点到直线距离的平方和是0。因此，我们把r^2叫作决定系数。

如果要把数据向多元扩展的话，我们可以使用从N个自变量到1个因变量的模型。这样散点图就变成了（N+1）维的空间，而取代回归直线的是在其中放置一个回归平面，使各点到这个平面的距离的平方和最小，求这个平面的方程式。只有一个自变量时我们把求回归直线的分析叫作一元回归分析，有两个以上的自变量时，需要求回归平面的分析叫作多元回归分析。

■ 例3.4　求冰激凌开销和气温的相关系数以及回归方程式的程序示例

```
# -*- coding: utf-8 -*-
import numpy as np
import matplotlib.pyplot as plt
import statsmodels.api as sm        #利用statsmodels程序包进行回归分析

# 2016年          每户冰激凌支出金额    一般社团法人日本冰激凌协会
# https://www.icecream.or.jp/data/expenditures.html

icecream = [[1,464],[2,397],[3,493],[4,617],[5,890],[6,883],[7,1292], \
    [8,1387],[9,843],[10,621],[11,459],[12,561]]

# 2016年  每月平均气温  气象局
# http://www.data.jma.go.jp/obd/stats/etrn/view/monthly_s3.php?
# prec_no=44&block_no=47662&view=a2

temperature = [[1,10.6],[2,12.2],[3,14.9],[4,20.3],[5,25.2],[6,26.3], \
    [7,29.7],[8,31.6],[9,27.7],[10,22.6],[11,15.5],[12,13.8]]

x = np.array([u[1] for u in temperature])
y = np.array([u[1] for u in icecream])
X = np.column_stack((np.repeat(1, x.size), x) )
model = sm.OLS(y, X)
results = model.fit()
print(results.summary())
b, a = results.params    #在statsmodels的OLS中按照b, a的顺序返回
print('a', a, 'b', b)
print('correlation coefficient', np.corrcoef(x, y)[0,1])
# 绘制图表
```

```
fig = plt.figure()
ax = fig.add_subplot(1,1,1)
ax.scatter(x, y)
ax.plot(x, a*x+b)
plt.title('2016年的气温和每户冰激凌开销')
plt.xlabel('月平均气温（℃）')
plt.ylabel('月冰激凌开销（日元）')
plt.show()
```

3.2.3 多元数据的分析（多变量分析）

当我们分析有几个不同元素交织在一起的现象时，用一元回归分析的组合是不够的。下面让我们来看一下数据分析的教科书中经常会使用的鸢尾（iris）例子。鸢尾的花有3瓣看得到的大花瓣叫作萼片（sepal，确切地说应该叫"外花被片"），中间立着的是3瓣小小的"花瓣"（petal，确切地说应该叫"内花被片"），我们有其各个"长度"和"宽度"的数据。通过测量setosa、versicolor、virginica这三个品种的鸢尾，我们可以研究不同品种之间花瓣的差异[6]。我们的数据是三个品种的花各取50朵（共计150个），测量其萼片、花瓣的长度和宽度（4个数据）。图3-10中，为了区别3个品种的花，我们以花瓣的长度和宽度这种组合来将其清楚地区分开，但是单独看各个数据时，因为有数据重合的地方，所以有些地方区分起来比较困难。作为参照，绘制这个散点图的程序如例3.5所示。

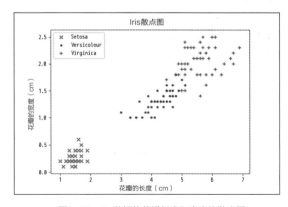

■ 图3-10　iris数据的花瓣长度和宽度的散点图

---

[6] 数据的出处：Fisher.R.A:The use of multiple measurements is taxonomic problems, Aunnual Eugenics,7.Part II,pp.179–188,1936　研究的出处：Anderson.E:The Species Problem in Iris, Annals of the Missouri Botanical Garden 23,pp.457–509.1936

■ 例3.5　绘制iris数据散点图的程序示例

```python
# -*- coding: utf-8 -*-
import numpy as np
import matplotlib.pyplot as plt
from sklearn.datasets import load_iris
import pandas as pd
iris = load_iris()        # 读取iris数据。来自iris.data、iris.target、iris.
DESCR
# print(iris.DESCR)       # 显示数据的说明
species = ['Setosa','Versicolour', 'Virginica']
irispddata = pd.DataFrame(iris.data, columns=iris.feature_names)
irispdtarget = pd.DataFrame(iris.target, columns=['target'])
irispd = pd.concat([irispddata, irispdtarget], axis=1)
irispd0 = irispd[irispd.target == 0]
irispd1 = irispd[irispd.target == 1]
irispd2 = irispd[irispd.target == 2]
plt.scatter(irispd0['petal length (cm)'], irispd0['petal width (cm)'],
c='red',
label=species[0], marker='x')
plt.scatter(irispd1['petal length (cm)'], irispd1['petal width (cm)'],
c='blue',
label=species[1], marker='.')
plt.scatter(irispd2['petal length (cm)'], irispd2['petal width (cm)'],
c='green',
label=species[2], marker='+')
plt.title('Iris散点图')
plt.xlabel('花瓣的长度（cm）')
plt.ylabel('花瓣的宽度（cm）')
plt.legend()
plt.show()
```

像上面这样，同时进行多个变量的分析叫作多变量分析。本节会介绍在多变量分析中常用的一些方法。

3.2.4　聚类分析

聚类分析是在数据没有划定类型的情况下，通过数据的相似度进行分组的一种方法。它可以应用在数据预处理中，对于复杂结构的数据可以通过聚类分析的方式对数据进行聚集，使复杂结构数据标准化。另外，聚类分析还可以用来发现数据项之间的依赖关系，从而可以去除或合并有密切依赖关系的数据项。

常用的聚类分析算法有下面这几个。

k-means算法：是一种基于划分的聚类算法，以k为参数，把多个数据对象划分为k个簇，使簇内具有较高的相似度，簇间的相似度较低。这种算法的原理简单而且便于处理大量数据。

k-medoids算法：不使用簇中对象的平均值作为簇中心，而是选择簇中距离平均值最近的对象作为簇中心。

多层次聚类：分类的单位由高到底呈树形结构，所处的位置越低，其所包含的对象就越少，这些对象间的共同特征就越多。这种聚类算法的特点是只适合在数据量小的时候使用，当数据量变得太大时，速度就会非常慢。

在一组数据中，可能会混有几种不同性质的数据。把这样的数据分组后以便我们只需要关注数据，或者决定好哪个数值属于哪一组，这就是聚类分析的目标。在前面说的iris例子中，我们测量花瓣的长度、宽度，萼片的长度、宽度，然后我们就可以判断其属于哪个品种了，或者说我们希望能做这种判断。在图3-10中，有事先不知道iris品种（其符号不同于我们已知的那3个符号）的点位于散点图中，我们希望能只依靠数据分布情况来给其分组，做成像图中那样的分类。还有，在文本分析的例子中，我们把文章中可以计算的数据，比如语句的长度、语句的结束方法、特征词的出现次数等组合起来进行分类，这样我们就可以对作者进行判断了。分类在很多实际应用中都会起到作用，进行分类的方法有很多，我们可以根据实际情况来使用。

聚类分析的出发点是研究两个数据近似吗？近似程度如何呢？根据这两个问题，我们要把更为相似的数据分为同一聚类，把不相似的数据分为不同的聚类。衡量相似的程度，我们称其为相似度。而跟相似这个尺度相反的，我们还可以考虑距离这个尺度。两个数据越相似，则距离越近；数据越不相似，则距离越远。因此，我们可以用距离来代替相似度进行判断。

在iris数据的例子中，把1朵花的花瓣长度pl、宽度pw、萼片的长度sl和宽度sw这四个数据组成一组，即用（pl, pw, sl, sw）来表示。而关于各个数据组之间的距离，我们可以把各组看作是四维空间中的点，用欧几里得距离来测量这些点之间的几何距离。

$$d = \sqrt{(pl_1 - pl_2)^2 + (pw_1 - pw_2)^2 + (sl_1 - sl_2)^2 + (sw_1 - sw_2)^2}$$

除了欧几里得距离，还有权重距离、曼哈顿距离、马哈拉诺比斯距离等很多种距离的定义可供我们使用。

层次聚类

层次聚类是制作阶层式的群结构，即在组中再进一步分类，制作分组中的分组的这种结构的工作。搭建步骤很简单。

1. 对所有需要划分的点或聚类，计算其到其他点或聚类的距离。在这里，有几种聚类距离的计算法，后面会介绍到。
2. 距离最小的两个点或聚类结合在一起，形成一个聚类。
3. 对得到的结果，再进行步骤1和步骤2。
4. 最后，当所有的点和聚类都划分到一个聚类时，即为结束。

由多个点形成的聚类之间的距离，其计算法有取使距离最大的点的最大距离法、取使距离最小的点的最小距离法、取两个聚类的中心点的距离重心法、取聚类中所有点之间距离的平均的聚类平均法以及下面式子中定义的Ward法。

$$d(P,Q) = E(U \cup Q) - E(P) - E(Q)^{7}$$

我们来看一下表3-6中的信息。划分下面的二元数据，其中a=(1,2)、b=(2,1)、c=(3,4)、d=(4,3)。首先，计算所有点之间的距离，在这里我们使用欧几里得距离。

	a	b	c	d
a				
b	1.41			
c	2.83	3.16		
d	3.16	2.83	1.41	

■ 表3-6 表示两个点之间的欧几里得距离的距离矩阵示例

在表3-6（叫作距离矩阵）中最小的对是（a,b）和（c,d）。首先我们把（a,b）组成一类。于是在下一步中，就剩下了（a,b）,c,d这三个元素。

---

*7 其中，P,Q是点的集合（群），$E(A)$是（A）所有点到（A）重心的距离的平方和。

在计算聚类之间的距离时，我们使用取中心点的重心法。(a,b)的中心点是$(1.5，1.5)$。用这个中心点制作的距离矩阵如表3-7所示。

	(a,b)	c	d
(a,b)			
c	2.92		
d	2.92	1.41	

■ 表3-7 分层聚类处理第一步的结果

在这个表中，最小的对是(c,d)。因此，我们把(c,d)组成一个聚类。在下一步中，就剩下(a,b)和(c,d)这两个元素了。聚类(c,d)中的中心点是$(3.5，3.5)$。

再次进行下一步时，我们把两个聚类合成一个，到这里就结束了。也就是说，我们得到了(a,b)和(c,d)这两个聚类（图3-11）。

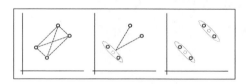

■ 图3-11 分层数据处理的过程

我们可以把划分的结果用树状图的形式来表示。在树状图中，纵轴表示距离，最下面是从纵轴0.0开始，汇合点是1.41，最高点是2.92，这分别是表3-7中所表示的数值。

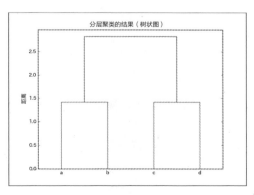

■ 图3-12 用树状图来表示分层聚类的结果

分层聚类是对一个个元素进行汇总处理并重复（元素−2）次，在这种重复中，每次都必须要计算类之间的距离。当元素数量很大时，这个处理量就会显著增多。使用sickit−learn的`linkage`类的程序如例3.6所示。

■ 例3.6　使用SciPy程序包编写的层次聚类程序示例

```
# -*- coding: utf-8 -*-
import numpy as np
from scipy.cluster.hierarchy import dendrogram, linkage
from scipy.spatial.distance import pdist
import matplotlib.pyplot as plt
X = np.array([[1,2], [2,1], [3,4], [4,3]])
Z = linkage(X, 'single')                    # 使用Ward法的话，则指定"ward"，
而非"single"。
dendrogram(
    Z,
    labels = ['a', 'b', 'c', 'd']
)
plt.title('层次聚类的结果（树状图））')
plt.ylabel('距离')
plt.show()
```

非层次聚类

非层次聚类是事先确定最终聚类数量的一种分类技术。层次聚类在不知道类的情况下非常便利，但随着类数量的增多，计算量会有增多的趋势。而非层次聚类虽然必须指定聚类的数量，但可以说一般情况下计算量不会增加太多[8]。

非层次聚类的代表是k−means算法。在k−means算法中，应该按照以下步骤来制作聚类。

1. 事先决定的只有聚类的数量，所以我们还要设定聚类的中心初始值。
2. 接下来，分别对各个点求其到所有聚类的中心距离，把点划分到其中心到该点距离最短的聚类中。
3. 把所有的点都划分完毕后，所有聚类中的元素就确定了。用这些元素的值重新计算聚类的中心。
4. 用重新计算得到的新的中心值，从第2步开始重复计算。也就是说，分

---

[8]　在计算法中，有即使元素数量很少，计算量也非常大的方法。

别对各个点计算其到新的中心的距离，然后把点划分到离该点最近的聚类中。所有点划分完毕后，聚类中的元素就又更新了，用这些元素的值重新计算中心。

5. 就这样，重复更新各个点所属的聚类，用新的元素来重新计算中心，再重新计算新的中心离各个点的距离，直到聚类的元素不再改变。

k-means的注意事项有两点：提前确定聚类的数量以及随机确定中心的初始值。在确定类的数量时，如果我们不清楚数据的性质，那就必须要多尝试几个数量。而在初始值的问题中，由于每次计算的初始值都会发生变化，因此聚类的划分情况可能有很大的变化。对于前者，我们在尝试确定聚类的数量时，可以用比较聚类内误差平方和的肘部法、比较聚类内数据的集中度和背离度的剪影指数等。而对于后者，我们常常会用到k-means++来或多或少避免不合适的初期中心。

下面我们用k-means法对iris的数据进行聚类，需要输入的数据是花瓣的长度和宽度、萼片的长度和宽度这4个数据。我们用四维空间中的欧几里德距离来测算距离。图3-13是用k-means法划分的聚类，和图3-10相同，绘制的是花瓣的长度和宽度的散点图，和原来数据的品种信息不同的点用miss来表示。当然，我们无法判断在散点图中重叠的部分。

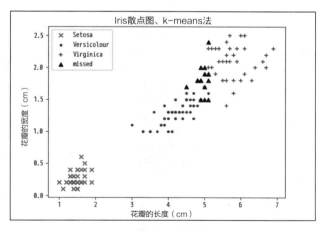

■ 图3-13　用k-means法聚类iris的花瓣长度和宽度数据的结果

用scikit-learn的`cluster`程序包编写的程序如例3.7所示。在这个程序中，表示用k-means法进行计算的只有`kmeans=KMeans(…).fit(…)`行，在这之前是数据准备，在这之后是用图表分别表示iris的3个品种的处理。

■ 例3.7 iris数据的k-means方法的聚类示例

```
# -*- coding: utf-8 -*-
import numpy as np
import matplotlib.pyplot as plt
from sklearn.datasets import load_iris
from sklearn.cluster import KMeans
import pandas as pd
iris = load_iris()
species = ['Setosa', 'Versicolour', 'Virginica']
irispddata = pd.DataFrame(iris.data, columns=iris.feature_names)
irispdtarget = pd.DataFrame(iris.target, columns=['target'])

kmeans = KMeans(n_clusters=3).fit(irispddata)

irispd = pd.concat([irispddata, irispdtarget], axis=1)
iriskmeans = pd.concat([irispd, pd.DataFrame(kmeans.labels_, \
                        columns=['kmeans'])], axis=1)
irispd0 = iriskmeans[iriskmeans.kmeans == 0]
irispd1 = iriskmeans[iriskmeans.kmeans == 1]
irispd2 = iriskmeans[iriskmeans.kmeans == 2]

dic = {}
dic[ iriskmeans['kmeans'][25] ] = iriskmeans['target'][25]
dic[ iriskmeans['kmeans'][75] ] = iriskmeans['target'][75]
dic[ iriskmeans['kmeans'][125] ] = iriskmeans['target'][125]
d = np.array([dic[u] for u in iriskmeans['kmeans']])
irisdiff = iriskmeans[iriskmeans.target != d ]

plt.scatter(irispd0['petal length (cm)'], irispd0['petal width (cm)'], c='red', \
            label=species[dic[0]], marker='x')
plt.scatter(irispd1['petal length (cm)'], irispd1['petal width (cm)'], c='blue', \
            label=species[dic[1]], marker='.')
plt.scatter(irispd2['petal length (cm)'], irispd2['petal width (cm)'], c='green', \
            label=species[dic[2]], marker='+')

plt.scatter(irisdiff['petal length (cm)'], irisdiff['petal width (cm)'], c='black', \
            label='missed', marker='^')
plt.title('Iris散点图、k-means法')
plt.xlabel('花瓣的长度(cm)')
```

```
plt.ylabel('花瓣的宽度(cm)')
plt.legend()plt.show()
```

3.2.5 主成分分析

　　主成分分析是把多维的变量结合起来，希望用更少的维度来表示整体特征的一种方法，这种方法可以做到"降维"。如果是二维和三维数据，我们可以通过绘制图表把握整体特征，但如果是更多维的数据，我们很难在感觉上把握其整体特征。所以如果我们能把多维数据压缩成二维或三维，这样就可以绘制成图表，从而便于理解了。

　　下面我们来思考一个例子。身高和体重有很强的正相关，当然即使身高相同，也有体重大的人和体重小的人。根据年龄不同，孩子和大人、年轻人、中年人和老年人之间都有所不同，所以会有一定的变化幅度。但即使如此，身高和体重还是有正相关的。因此，如果我们确定好身高和体重这两者的其中之一，就能确定另一方的值。也就是说，我们不需要确定两个值，只需要确定1个值就够了。这样，我们就把二维的数据压缩成一维了。

　　为了更好地理解相关性，我们可以在二维的散点图上画一条回归直线。转动这个坐标轴，使回归直线平行于原来的横坐标轴。这样，我们就得到在横坐标方向变宽、纵坐标方向变窄的分布图了（图3-14）。

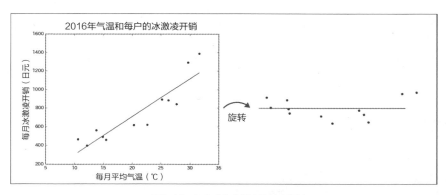

■图3-14　在主成分分析中旋转坐标轴

　　于是，横轴位置表示整体数据的大致位置，纵轴位置表示数据偏离大致位置的情况。在主成分分析中，像这样旋转坐标轴来表示数据的大致位置时，需要确定方向。这个横轴叫作第1主成分。

如果是三维数据，就在三维空间中进行和二维空间中一样的旋转，于是就得到了在平面上分布变宽，在和平面垂直的方向上分布变窄的一个面（图3-15）。

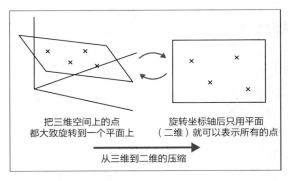

把三维空间上的点 都大致旋转到一个平面上

旋转坐标轴后只用平面 （二维）就可以表示所有的点

从三维到二维的压缩

■ 图3-15　在主成分分析中要旋转坐标轴（2）

二维分布可以分为同样的主成分和与其垂直的成分，而这个垂直的成分被称作第2主成分。我们看散点图可以得知，第1主成分取的方向能使成分的区分度最大，这样我们就可以得到数据的大致位置了。

我们来对iris的数据使用主成分分析。结果，我们得到了各主成分轴的方向。下面是4个主成分的向量（轴方向的向量）（表3-8）。

	$pc1$（第1主成分）	$pc2$（第2主成分）	$pc3$（第3主成分）	$pc4$（第4主成分）
第1维	0.3616	-0.0823	0.8566	0.3588
第2维	0.6565	0.7297	-0.1758	-0.0747
第3维	-0.5810	0.5964	0.0725	0.5491
第4维	0.3173	-0.3241	-0.4797	0.7511

■ 表3-8　iris的4个主成分向量

各主成分轴的平均数和方差如表3-9所示。

	$pc1$（第1主成分）	$pc2$（第2主成分）	$pc3$（第3主成分）	$pc4$（第4主成分）
平均数	5.84333333	3.054	3.75866667	1.19866667
方差	4.19667516	0.24062861	0.07800042	0.02352514

■ 表3-9　iris的4个主成分轴的平均数和方差

根据这个方差，我们的选择是使第1主成分轴最大。

图3-16是各个数据点向主成分方向旋转的结果，图中只选取了（映射）第1主成分（横轴、pc1）和第2主成分（纵轴、pc2）组成的图表。

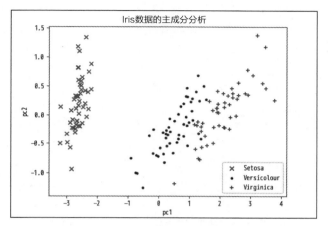

■ 图3-16 iris数据的主成分分析的结果

需要注意的是，图表中横轴和纵轴的尺度不一样。横轴pc1是从-3到+4，与之相对，纵轴pc2是从-1.0到1.5。也就是说，和第1主成分相比，第2主成分的范围更小，数值差距程度更小。

衡量各主成分轴体现的是整体数据差值程度的指标，换句话说，各主成分轴数值的差异占整体数据差异的比例称为"贡献率"。在这里对各个主成分的贡献率进行计算后，得到从第1主成分起分别是0.9246、0.0530、0.0172、0.0052。也就是说，第1主成分体现了整体数据差异的92%，其余的成分可以说基本没有影响。贡献率还有另一个表示方法，即表示从第1主成分到第N主成分之和的"累计贡献率"。这是衡量取到第几主成分后才能体现出数值差异的指标。在例题中，我们知道累计贡献率是0.9246、0.9776、0.9948、1.0000，只有第1主成分时是92%，到第2主成分是98%，再加上第3主成分是99%。原本就只有四维，所以再加到第4主成分时就变成了100%。

为了计算这些数据，我们可以用scikit-learn的decomposition程序包来编写程序，如例3.8所示。

我们把iris的主成分散点图（图3-16）和原来绘制的（花瓣的长度、花瓣的宽度）散点图（图3-10）相比较的话，可以得知我们是把原来的散点图向能让回归直线的方向和第1主成分重合的方向旋转了。

总结一下，主成分分析是通过轴的旋转，也就是坐标的线性变换来选择最能体现数据差异程度的轴。确定变换方向并变换完数据点的同时，我们还可以评价旋转后得到的主成分轴，能够在多大程度上体现数据的差异。

在程序代码中，进行主成分分析处理的只有pca=PCA(…)和pca.fit(irisdata)这部分，这之后进行的是显示在图表上的处理。

■ 例3.8　iris的主成分分析程序示例

```python
# -*- coding: utf-8 -*-
import numpy as np
import pandas as pd
from sklearn.decomposition import PCA
from sklearn.datasets import load_iris
from matplotlib import pyplot as plt


colors = ['red', 'blue', 'green' ]
markers = ['x', 'point', 'plus']
# 准备数据
iris = load_iris()        # 从scikit-learn的数据库中读取iris
species = ['Setosa', 'Versicolour', 'Virginica']
# 取出数据部分
irisdata = pd.DataFrame(iris.data, columns=iris.feature_names)
# 取出是哪个品种的信息
iristarget = pd.DataFrame(iris.target, columns=[target])
irispd = pd.concat([irisdata, iristarget], axis=1)          # 结合在一起
pca=PCA(n_components=4) # 生成PCA类的实例、把成分数设为4
pca.fit(irisdata)        # 只将数据部分用于主成分分析
print('主成分',pca.components_)   # 显示结果
print('平均数',pca.mean_)
print('方差',pca.explained_variance_)
print('贡献率',pca.explained_variance_ratio_)
print('累计贡献率',np.cumsum(pca.explained_variance_ratio_))


# 绘制向主成分方向变换后的数据点。分别对每个品种进行处理来改变颜色标志。
transformed0 = pca.transform(irisdata[irispd.target==0])
transformed1 = pca.transform(irisdata[irispd.target==1])
transformed2 = pca.transform(irisdata[irispd.target==2])
# Scatter函数读取的是x和y的位置的列表，所以要对点的坐标的列表进行加工。
plt.scatter([u[0] for u in transformed0], [u[1] for u in transformed0], c='red',\
            label=species[0], marker='x')
plt.scatter([u[0] for u in transformed1], [u[1] for u in transformed1], c='blue',\
```

```
    label=species[1], marker='.')
plt.scatter([u[0] for u in transformed2], [u[1] for u in transformed2], c='green',\
    label=species[2], marker='+')
plt.title('Iris数据的主成分分析')
plt.xlabel('pc1')
plt.ylabel('pc2')
plt.legend()
plt.show()
```

决策树

决策树是用来做决策的"树"。输入观察到的结果后，通过累积一个个小决策来缩小范围，把这样的程序做成树的形状就是决策树。决策树方法在分类、预测、规则提取等领域有着广泛的应用。决策树的树状结构中，每一个叶节点对应着一个分类，非叶节点对应着某个属性上的划分，根据样本在属性上的不同取值将其划分为若干个子集。

下面简单介绍一下几种决策树算法。

CART算法：是一种非常有效的非参数分类和回归方法。CART既能是分类树也能是决策树。当CART是分类树时，采用GINI值作为节点分裂的依据；当CART是回归树时，采用样本的最小方差作为节点分裂的依据。

ID3算法：关键在于决策树的各级节点，使用信息增益方法作为属性的选择标准，这样可以帮助确定生成每个节点时所应采用的合适属性。ID3基于信息熵作为测试样本集合不确定的常用指标，它选择当前样本集合中具有最大信息增益值的属性作为测试属性。

C4.5算法：使用信息增益率选择节点属性，可以弥补ID3算法存在的不足之处。ID3算法只适合离散的描述属性，而C4.5算法可以处理离散和连续的描述属性。C4.5算法不直接选择增益率最大的候选划分属性，候选划分属性中找出信息增益高于平均水平的属性，这样保证了大部分好的特征，再从中选择增益率最高的，这样又保证了不会出现编号特征这种极端的情况。

我们首先利用训练数据（样本数据），来设计一个可以很好地将这些数据分类的决策树，然后利用这个决策树对实际应用中的数据进行分类。问题在于，我们怎样设计决策树才能用最少的步骤完成分类呢？[*9]

因为决策树是以树的形状展开决策分支的，所以大多时候，选项处是有限个

[*9] 严谨地说，应该是分类样本数据时，能使平均步数最少的树的形状，即分支判断的顺序。

数的选项（也就是说，目标变量是离散值（分类变量）），而不是连续值，这样的决策树被称为分类树，选项处是连续值（目标变量是连续变量）的决策树被称为回归树。虽然在结果上，选择的是和分类、聚类相同的最终决策分支，但决策树的特点是能清楚地看到中间的分支过程。下面以表3-10的数据为例来思考一下[10]。

学生	年龄	性别	分数
1	不满40	男性	70分以上
2	不满40	女性	70分以上
3	不满40	男性	70分以上
4	不满40	男性	70分以上
5	40以上	男性	70分以上
6	不满40	男性	不满70分
7	40以上	女性	不满70分
8	40以上	女性	不满70分
9	40以上	男性	不满70分
10	40以上	女性	不满70分

■ 表3-10　以成绩数据为例

　　这个表是过去的数据，我们想用过去的数据来预测学生的新成绩。现在有年龄和性别两个决策分支，是从年龄到性别呢？还是性别到年龄呢？采用哪个顺序可以用最少的步骤得到结果？这是我们需要研究的问题。

　　设计决策树可以用CART算法。首先从树根开始，最初选择的决策分支，应该是所有决策分支中"最好选择"的决策分支。"最好选择"的定义是，根据这个决策分支对各个集合进行划分的结果，能够使目标变量的区分纯度尽可能高，不会使目标变量的不同元素混在一起。以高区分纯度为目标，我们使用基尼系数。基尼系数是从数据中随机抽取两个元素，以目标变量来看，这两个元素属于不同类别的概率。

　　以上述10人的成绩为例，我们来了解一下基尼系数和CART[11]。在划分这组数据之前，10位学生中，以目标变量分数（70分以上）来看，合格人数和不合格人数均为5人。在这组数据中，随机抽取两人，想算出这两人属于不同类别的概

---

*10　秋光淳生：从数据发现知识，NHK出版，2012.借用。

*11　Breiman,L:Classification and Regression Trees,Chapman and Hall/CRC,1984

率，就应该用全部的可能性1减去"两人都合格的概率"以及"两人都不合格的概率"。

$$基尼系数 = 2人属于不同类别的概率$$
$$= 1 - （2人都合格的概率）-（2人都不合格的概率）$$
$$= 1 - （1人合格概率）^2 -（1人不合格概率）^2$$
$$= 1 - (0.5)^2 - (0.5)^2 = 0.5$$

关于分类的方法，有两个决策分支可以选择，是先根据性别进行分类还是先根据年龄进行分类？我们应该按照能使基尼系数大大减小的原则来选择。

如果先按照性别进行分类的话，则如下表所示。

	70分以上	不满70分
男性	4	2
女性	1	3

这时男性和女性的基尼系数分别如下：

$$男性的基尼系数 = 1 - (4/6)^2 - (2/6)^2 = 4/9 = 0.444$$
$$女性的基尼系数 = 1 - (1/4)^2 - (3/4)^2 = 3/8 = 0.375$$

按性别分类时，整体基尼系数是将上面的基尼系数根据数据个数的比例进行加权平均后得到的。

$$根据性别分类时的整体基尼系数 = 6/10 \times 4/9 + 4/10 \times 3/8$$
$$= 5/12 = 0.417$$

而另一个根据年龄分类时计算的基尼系数，则如下表所示。

	70分以上	不满70分
40岁以上	1	4
不满40岁	4	1

各基尼系数分别如下：

$$40岁以上的基尼系数 = 1 - (1/5)^2 - (4/5)^2 = 8/25 = 0.32$$

$$不满40岁的基尼系数 = 1 - (4/5)^2 - (1/5)^2 = 8/25 = 0.32$$

依据数据个数进行加权平均后，结果如下：

$$按年龄分类时整体的基尼系数 = 5/10 \times 8/25 + 5/10 \times 8/25$$

$$= 8/25 = 0.32$$

也就是说，按年龄分类时比按性别分类时基尼系数更小，得到的分类结果纯度更高，所以我们首先按年龄分类。在第2步的分类中，因为只剩下1个选项（性别）了，所以就按性别分类。

我们可以用scikit-learn的tree程序包来制作这样的分类树。程序示例如例3.9所示。这个程序是通过pydotplus程序包来绘图的。pydotplus的安装方法如下：

```
pip instal lpydotplus
```

利用这个程序包，我们可以把graphviz的dot形式的图形数据转换为实际的图像（pdf文件）。

■ 例3.9　生成关于学生数据的决策树程序示例

```
from sklearn.datasets import load_iris
from sklearn import tree
# Table是学生编号，用真伪来表示是否为40岁以上，是否为男性，是否是70分以上
table = [[1, False, True, True],
    [2, False, False, True],
    [3, False, True, True],
    [4, False, True, True],
    [5, True, True, True],
    [6, False, True, False],
    [7, True, False, False],
    [8, True, False, False],
    [9, True, True, False],
    [10, True, False, False]]
data = [u[1:3] for u in table]        # 取出自变量（年龄，性别）
target = [u[3] for u in table]        # 取出因变量（分数）
clf = tree.DecisionTreeClassifier()   # 生成实例
clf = clf.fit(data, target)           #根据数据学习
```

```
for i in range(len(data)):                    # 给原始数据分类（预测）
    #预测值和概率
    print(i+1, clf.predict( [data[i]] ), clf.predict_proba([data[i]]))
import pydotplus                               #读取用于制作图表的程序包
# 把clf作为graphviz的数据输出
dot_data = tree.export_graphviz(clf, out_file=None)
graph = pydotplus.graph_from_dot_data(dot_data)    # 把图表转换为pdf文件
graph.write_pdf("gakusei-DecisionTree.pdf")
```

使用由此程序得到的决策树对原始数据进行分类，分类后的结果如表3–11所示。表中输出了学生编号、预测值（是否为70分以上）、不满70分的概率、70分以上的概率。

如果在运行例3.9中的程序时出现GraphViz'sexecutables not found这种提示，说明还需要安装graphviz。graphviz包不能直接使用pip install graphviz这种方式直接安装，我们需要在graphviz的官方网站（http://www.graphviz.org/download/）中下载对应的安装包。如果使用的是Windows系统，可以选择Stable或者Development版本进行安装，如图3–17所示。

Windows

- **Development Windows install packages**
- **Stable Windows install packages**
- **Cygwin Ports*** provides a port of Graphviz to Cygwin.
- **WinGraphviz*** Win32/COM object (dot/neato library for Visual Basic and ASP).

- **Chocolatey packages Graphviz for Windows**.

  ```
  choco install graphviz
  ```

- **Windows Package Manager** provides **Graphviz Windows packages**.

  ```
  winget install graphviz
  ```

■ 图3–17 下载graphviz安装包

安装graphviz后，还需要在Path中添加graphviz的环境变量。这是如果运行程序出现类似dot -c的提示信息，可以以管理员身份运行终端，然后在命令提示符中输入dot -c就可以了。

学生编号	预测值（是否为70分以上）	不满70分的概率	70分以上的概率
1	True	0.25	0.75
2	True	0.	1.
3	True	0.25	0.75
4	True	0.25	0.75
5	False	0.5	0.5
6	True	0.25	0.75
7	False	1.	0.
8	False	1.	0.
9	False	0.5	0.5
10	False	1.	0.

■ 表3-11 用决策树对学生数据进行分类的结果

其中，学生4和学生5的预测结果有误。理由是学生3和学生6都是不满40岁的男性，学生3是70分以上，学生6不满70分，所以只靠年龄和性别没办法划分（预测）所有的数据。

我们把制作好的分类树绘制成图表，如图3-18所示。首先按 $X[0] <= 0.5$（$X[0]$是年龄）的条件来划分，在内部中True=1，False=0，所以0.5是边界。先按年龄分类时基尼系数是0.32，这在图表的中间部分有显示。

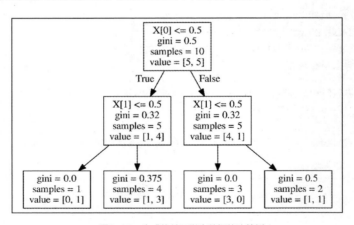

■ 图3-18 生成的关于学生数据的决策树

在scikit-learn的决策树程序包的安装指南（`http://scikit-learn.org/stable/modules/tree.html#tree`）中，有介绍通过tree程序包利用决策树来预测iris数据的程序示例（例3.10）。

■ 例3.10 生成关于iris数据的决策树程序示例

```
from sklearn.datasets import load_iris
from sklearn import tree
iris = load_iris()
clf = tree.DecisionTreeClassifier()
clf = clf.fit(iris.data, iris.target)

print(iris.data)
for i in range(len(iris.data)):
    print(clf.predict( [iris.data[i]] ))

import pydotplus
dot_data = tree.export_graphviz(clf, out_file=None)
graph = pydotplus.graph_from_dot_data(dot_data)
graph.write_pdf("iris-DecisionTree.pdf")
```

　　结果，基于原始数据的决策树得来的预测值与原始数据一致。决策树的形状如图3-19所示。

　　这里让人感兴趣的是，依据最开始的分支$X[3]<=0.8$（$X[3]$是花瓣的宽度）这个条件，可以划分出50个样本，正如我们看原始数据的散点图3-10得到的信息，花瓣的宽度（纵轴）在0.8以下的应该划分为Setosa品种。剩下的2个品种，不能靠花瓣的宽度和长度（$X[3]$和$X[2]$）来区分，所以需要加上$X[1]$（花萼的宽度）、$X[0]$（花萼的长度）这些条件后才能进行分类。

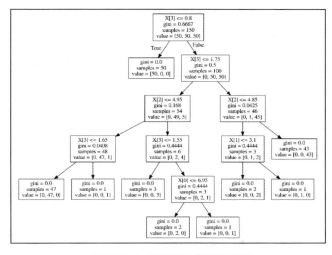

■ 图3-19 生成的关于iris数据的决策树

SVM——支持向量机

SVM是依靠机器学习利用分类器，绘制回归直线的方法。一般情况下，SVM可以从测试数据中获得很高的认知性能，并被广泛用于模式识别等领域。最初的原理是1963年Vapnik等人提出的线性支持向量机[12]，1992年Boser等人扩展到非线性的分类、回归[13]。

用二维线性模型去看原理的话，在图3-20的分类数据情况中，就会有如何画边界线（如果是多维的话就是边界面）这个问题。SVM中的理论方法是，使各数据点到边界线的距离（叫作边缘）尽可能大。因此，我们需要准备好用于机器学习的"感知器"，把数据一个个输入进去后学习如何使边缘最大。学习方法在这里没有涉及，感兴趣的读者请参考别的教科书或论文。

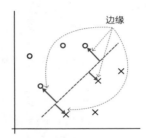

■ 图3-20　SVM（支持向量机）的示意图

在实际问题中，我们会遇到数据混乱不能清楚地分类、用直线不能划分等情况。在处理不能清楚分类这样的问题时，我们可以考虑用边缘软件SVM，而处理用直线、平面不能划分的问题时，我们可以考虑用非线性的SVM。

在数据混乱不能清楚分离的情况下，可能会有分布重叠、存在噪音等问题。因为在SVM中，学习时有用直线划分需要让边缘最大化的条件，所以没办法顺利地画出边界线。因此，我们允许数据超出边缘界限，这种情况下，边缘软件SVM会导入施加惩罚的函数。超出边缘界限量的总和，再乘以系数C就是惩罚，我们将惩罚加入SVM公式中。

在不能用直线（平面）来划分的情况下，用非线性函数绘制出别的特征空间

---

[12]　Vapnik, V. and Lerner, A. :Pattern recognition using generalized portrait method, Automation and Remote Control, 24, 1963

[13]　Bernhard, E. B., Isabelle, M. G. and Vladimir, N. V.: A Training Algorithm for Optimal Margin Classifiers, Proc 5th ACM Workshop on ComputationalLearning Theory, 1992

后，就像在这个特征空间中进行的线性分离一样，我们可以研究用于非线性的SVM。用于学习的公式中有一种叫作"核技巧"的方法，利用这种方法我们可以使这个非线性的变换部分用和线性相同的形式来学习。但是，核技巧仅限于非线性函数（核函数）使用，比如多项式核函数、指数型函数的径向基核函数（也叫RBF核函数、高斯核函数）等。

例3.11的程序是用scikit-learn的svm程序包，把对iris数据用SVM的4种核技巧绘制的边界线做成图表。程序的出处是scikit-learn的文件中含有的例题"Plot different SVM classifiers in the iris dataset"[14]，其中有部分改编。

■ 例3.11 用SVM给iris数据（花瓣的长度和宽度）分类的程序示例

```
import numpy as np
import matplotlib.pyplot as plt
from sklearn import svm, datasets
iris = datasets.load_iris()
X = iris.data[:, :2]      # 在iris的数据中只使用花瓣的长度和花瓣的宽度
y = iris.target

h = .02                   # 网眼的阶段大小
C = 1.0                   # SVM的价值指标（不允许有大的分类错误）
svc = svm.SVC(kernel='linear', C=C).fit(X,y)          # 在类SVC中选择
linear
rbf_svc = svm.SVC(kernel='rbf', gamma=0.7,C=C).fit(X,y)   # 在类SVC中选择
rbf
poly_svc = svm.SVC(kernel='poly', degree=3,C=C).fit(X,y)  # 在类SVC中选择
poly
lin_svc = svm.LinearSVC(C=C).fit(X,y)                 #Linear类SVC

x_min, x_max=X[:, 0].min() -1, X[:, 0].max() + 1
y_min, y_max=X[:, 1].min() -1, X[:, 1].max() + 1
xx, yy = np.meshgrid(np.arange(x_min, x_max, h),
                     np.arange(y_min,y_max,h))

titles = ['在类SVC中选择核函数',
'Linear类SVC（Linear核函数）',
'在SVC类中选择RBF核函数',
'在SVC类中选择3次多项式核函数']
```

[14] http://scikit-learn.org/stable/auto_examples/svm/plot_iris.html#sphx-glr-auto-examples-svm-plot-iris-py

```
for i, clf in enumerate((svc, lin_svc, rbf_svc, poly_svc)):
    plt.subplot(2, 2, i + 1)                              # 制作4面
    plt.subplots_adjust(wspace=0.4, hspace=0.4)

    Z = clf.predict(np.c_[xx.ravel(), yy.ravel()])
    Z = Z.reshape(xx.shape)
    # 用可以区分的颜色标记绘制出等高线
    plt.contourf(xx, yy, Z, cmap=plt.cm.coolwarm, alpha=0.8)
    # 加上训练数据后制图
    plt.scatter(X[:, 0], X[:, 1], c=y, cmap=plt.cm.coolwarm,marker='.')
    plt.xlabel('花瓣的长度')
    plt.ylabel('花瓣的宽度')
    plt.xlim(xx.min(),xx.max())
    plt.ylim(yy.min(),yy.max())
    plt.title(titles[i])
    plt.show()
```

　　结果如图3-21所示。与线性核函数以及直线边界相对的是，在多项式核函数和RBF核函数中，我们用曲线来尽量清楚地划分。但是，花瓣的长度和宽度在二维中数据高度重叠，而重叠的部分还不能区分开。

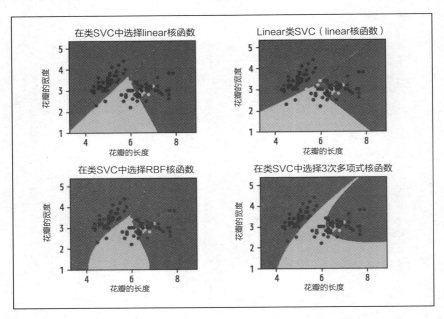

■ 图3-21　用SVM给iris数据（花瓣的长度、宽度）分类的结果（包含非线性SVM）

3.3 文本挖掘特有的方法

本节的中心是向大家介绍几个文本挖掘特有的方法以及用这些方法能做什么。在这里，我们通过学习作为出发点的理念和得到的结果示例，来把握具体印象。至于详细的原理和处理方法会在第5章里细致地向大家说明。

3.3.1 连续·N-gram的分析和利用

什么是连续·N-gram

文本挖掘是以相邻的文字、词语，也就是文字、词语的"连续"为单位来进行分析的。我们把N个元素的连续称为N-gram。

只有一个元素时可以叫作1-gram（monogram），即这个元素本身。而对于1-gram的出现次数，我们不会特意用1-gram这个词，而是称为元素（文字、单词）的出现次数或出现频率。

2-gram（bigram）是两个元素连接在一起的模式，3-gram（trigram）是3个元素连接在一起的模式。以文字为例的话，因为文字的2-gram是两个文字连接在一起的模式，所以如果不区分英文的大小写字母，从aa到zz一共有26×26=676个模式。而3-gram的话，从aaa到zzz一共有26×26×26个模式。

文字的连续·N-gram的分析和应用

下面我们来看一下文字的N-gram的例子。例3.12是对数据"我是一只猫，直到今天还没有名字。"提取出2-gram，也就是连续的两个文字。

■ 例3.12　对"我是一只猫，直到今天还没有名字。"以文字为单位制成的2-gram示例

```
('我','是'), ('是','一'), ('一','只'), ('只','猫'),
('猫','，'), ('，','直'), ('直','到'), ('到','今'),
('今','天'), ('天','还'), ('还','没'), ('没','有'),
('有','名'), ('名','字'), ('字','。')
```

例3.13是相同文字的3-gram示例，相当于逐字移动，每次取3个文字的结果。

■ 例3.13　对"我是一只猫，直到今天还没有名字。"以文字为单位制成的3-gram示例

```
('我','是','一'), ('是','一','只'), ('一','只','猫'),
('只','猫','，'), ('猫','，','直'), ('，','直','到'),
('直','到','今'), ('到','今','天'), ('今','天','还'),
```

```
('天','还','没'),('还','没','有'),('没','有','名'),
('有','名','字'),('名','字','。')
```

以文字为单位的N-gram的应用中，有在信息检索中用于字符串匹配的例子。在信息检索中，为了能提高检索处理的速度，我们需要制作index[*15]（索引），有一个想法是用N-gram来制作索引，而不是用词语，比如可以用于全文检索等。虽然像我们常看到的书一样，以单词为单位制作索引也是可以的，但是如果不能顺利分割为词语时，可以用N-gram。

具体地说，单词分割需要用语素分析工具来进行，基本上要依赖字典，而最新的流行语等新的词语、特殊地名、人名以及句子和固定用语等并不包含在字典中，所以有时候单词分割不能顺利进行。在一些场合中，反而是从开头机械地分割成N个文字这样的做法更合适。

而且，我们还可以作为推断文章作者的特征量，把语句的开头或结尾的N个文字以N-gram的形式分割出来。把文章中所有句子的句尾模式的频率分布作为特征量，再结合别的特征量，我们就可以尝试去判断作者了。

词语的连续·N-gram的分析和应用

我们可以用和文字的N-gram同样的方式，来分析以词语为单位的N-gram。从网页收集的数据，作为用大规模的语料库数据分析的结果公开了。其中包括Google公司的工藤拓·贺泽秀人氏在2007年公开的数据[*16]，矢田晋氏在2010年公开的文字N-gram、词语N-gram(1~7-gram)[*17]等。

而词语的N-gram应用实例中，有基于N-gram的频率数据来生成的语句。根据预先测定的2-gram和3-gram的频率数据，随机选择下一个词语，直到出现句号，句子就结束。

3.3.2 共现（词组搭配）的分析和利用

共现是以句子或段落为单位，收集其中同时出现的两个词语对，比如下面这个句子。

---

*15 指定字符串后，能告诉我们在哪本文书或者在文书中的哪个位置。

*16 以大约200亿句子、2550个词语为对象的1~7-gram数据，`https://japan.googleblog.com/2007/11/n-gram.html`

*17 `http://s-yata.jp/corpus/nwc2010/ngrams/`

今天天气很好，所以我去散步了。

在这句话中有"今天""天气""散步"这3个词语，这些词语在同一个句子里共现，所以我们可以说有3个共现对，即（今天，天气），（天气，散步），（今天，散步）。

一般情况下，我们认为共现这种关系的词语之间有什么含义关联。如果分析大量的语句和大量的段落，我们就可以收集其中的共现词语对。共现对的出现频率高，说明这个共现对在被反复使用，也就是说我们可以认为其重要程度高。

下面我们来思考一下共现对的频率高和单独的单词频率高，这两者之间有什么不同。在单词的出现频率高的情况中，如上述例子的"天气"和"今天"在别的句子中也经常出现的话，我们可以知道这个句子整体是在说天气的事情和今天的事情，但是今天和天气之间不一定有什么关联。举一个极端的例子，在一段很长的话语中，前半段是在说去年的天气，后半段是在说今天发生的事情。像这种情况，今天和天气自然是没有关系的。但是，如果是在文本（不是单独的一句话）的同一句话中今天和天气同时出现的频率很高的话，那么今天和天气有逻辑关联的可能性很高，我们基本可以断定是在谈论今天的天气。

我们通过绘制共现的词语对图表[18]来分析的话，可以看到词语之间的关联性，借此可以找到话题中心并根据话题中心来分组等。

3.3.3 词语的重要性和TF-IDF的理念

文本中单词被使用的次数多，容易认为该单词在文本中最重要。因此被反复使用的词语，比如"事情""时候"等词会被判断为重要词语[19]。

为了修正这一问题，我们需要使用TF-IDF，即让这个词的出现次数（TF，Term Frequency）乘以出现过这个词语的文本数的log倒数（IDF，Inverse Document Frequency）。也就是说，IDF表示这个单词是否是出现在各个文本中的指数DF（Document Frequency），这个指数会使重要度指数向减少的方向移动，在这里我们让log(DF)的倒数（即Inverse DF）乘以TF。这样的话，在各个文本中都频繁出现的词语的IDF就变小了，于是就可以选择出尽量特别的、具有特征的、

---

[18] 这里说的图表，是数学图表理论中说的图表，即顶点和边连接在一起的抽象模型，而不是有横轴和纵轴、用点来表示数量关系的那种图表。

[19] 一般情况下，"时候""事情"这样的词出现的频率远远比关键词高，所以关键词就会被掩埋。

不会到处都频繁出现的词语了[*20]。

TF-IDF可以反映出语料库中某篇文档中某个词的重要性，TF-IDF算法是一种统计方法，可以用来评估一个字或词语对一份文件的重要程度。字词在文章中出现的次数越高，它的重要性也就越高。如果某个字词在一篇文章中出现的频率高，并且在其他文章中很少出现，那么可以认为这个字词具有很好的类别区分能力，比较适合用来分类。

TF-IDF除了用于抽取关键词，还被用作各种处理的预处理来过滤出关键词。关键词有制作索引、语句摘要等一般用途。此外，关键词还可以用来提取话题、分析话题间的关联和文本的类似度等。

3.3.4 基于KWIC（Key Word in context）的检索

KWIC是在显示文本的检索结果时，不只显示位置，还会同时显示出前后词语（上下文环境）的一种方法。这种方法希望用户在看到这些词后，能用更高的效率来做出选择。

下面是对关键词"和平"的出现位置进行检索后得到的结果。右侧的数字是检索结果的词语编号（第几个词）。

人员 流 。 同时 也 要 看到 ， 和平 、 发展 、 合作 、 共 赢 的	301
合作 ， 加强 协调 ， 为 国际 和平 担当 ， 为 全球 发展 尽责 。	358
果 不容 篡改 ， 联合国 为 世界 和平 与 发展 所 做 的 贡献 不容 抹	888
。 地区 热点问题 仍 在 损害 着 和平 ， 但 国际 社会 投入 却 有所	1384
一道 ， 为 实现 利比亚 及 地区 和平 稳定 发挥 建设性 作用 。 海湾	1551
协议 有效 确保 伊朗 核计划 的 和平 性质 ， 但 作为 各方 妥协 的	1664
话 平台 ， 推动 形成 维护 地区 和平 稳定 新 共识 。 第三 ， 域外	1700
。 第三 ， 域外 国家 对 恢复 和平 安宁 应当 注入 " 正 能量 "	1711
多 帮忙 、 不 添乱 。 阿富汗 和平 和解 进程 再次 迎来 重要 机遇	1742
， 另一方面 推进 和 建立 半岛 和平 机制 ， 最终 实现 半岛 的 长治	1988
国家 就 能够 进一步 成为 世界 和平 稳定 的 维护 力量 ， 全球 共同	2046
， 增进 政治 互信 ， 释放 呵护 和平 稳定 的 积极 信号 ， 将 政治	2391

通过观察以"和平"为中心的前后文字，可以知道"和平"在文章中的上下文环境。KWIC主要用于显示检索结果，详细的计算过程会在第5章说明。

---

*20 Sparck, J. K.：A Statistical Interpretation of Term Specificity and Its Application in Retrieval, Journal of Documentation, 28, pp. 11－21, 1972

3.3.5 使用词语属性的分析

有一种观点认为，文本整体的特性是由词语具有的属性（property）决定的。对于社交平台、新闻、问卷调查结果等文本，我们可以通过对词语区分好坏，或者说给词语加上情绪的好坏属性，来推测发言人的情绪、感情，这样的分析叫作"积极消极分析"。在技术层面上，这种分析被称为感情分析、情绪分析、评价分析等，并被广泛应用。

在英语环境的例子中，分析结果如下：

```
'I am happy' ⟹ { 'compound': 0.5719, 'pos':0.787, 'neg':0.0, 'neu':0.213}
'I am sad' ⟹   { 'compound': -0.4767, 'pos':0.0, 'neg':0.756, 'neu':0.244}
```

我们可以进行上面这样的分析。第一行结果的含义是，积极（positive）的指标是0.787、中立（neutral）是0.213、消极（negative）是0.0，各个数值的来源是对字典中收录词语的积极感情值、消极感情值加以合计后得到的标准化结果。而compound表示的是综合的感情评价值。

分析对象是我们希望能提取出感受的文本，比如对特别的商品、服务进行问卷调查的开放性问题的回答，客服中心收到的评价，包含特定商品名、服务名的推特点评等。

对于推特等社交平台，我们不仅仅是纠结于特定的商品名等。如果把所有的文本当作对象来进行分析的话，就可以尝试去了解整个社会的感情倾向、心情、氛围等。比如有一个研究，研究者把整体的氛围变化和股票动向进行比较后，得到了动向一致这样的研究结果[*21]。

3.3.6 用WordNet进行词义分析

WordNet[*22]是收录了15万5千个英文单词，整理了同义词、上位概念、下位概念等内容的概念词典。1个词语关联着多个语义概念单位（synset）。比如dog这个单词连接着8个语义概念单位，除了有作为动物"狗"这个含义，在英语中还有"无趣的女人""男人的轻浮表现"等含义。再者，对于各种语义概念单位，具有上位概念（犬科动物canine、家畜domestic_animal）和下位概念（柯基corgi、

---

*21 Mittal, A. and Goel, A.：Stock Prediction Using Twitter Sentiment Analysis, Stanford University, CS299 http://cs229.stanford.edu/proj2011/GoelMittal-StockMarketPredictionUsingTwitterSentimentAnalysis.pdf

*22 https://wordnet.princeton.edu/

斑点狗dalmatian等各种犬种）这种构造。

3.3.7 句法分析和关联分析

这个分析方法的原理是通过分析语法结构，来获取结构中的含义。句法分析的功能包括识别主语和谓语、识别修饰宾语的长句节等。主语和谓语通过一定的关联组合起来表达内容，从这个角度考虑，我们可以提取出语义的骨干部分。

通过分析词的关联关系，可以去除多余的修饰成分，留下句子的骨干部分。相关的句法分析程序会在5.7小节介绍。

3.3.8 基于语义分析（LSA、Latent Semantics Analysis）的意义分析和Word2Vec

语义分析，是以经常出现在类似上下文环境中的词语，具有语义上的相似性这个哈里斯分布假设为前提，通过统计分析上下文环境来提取信息（比如测试文本类似度）的一种分析方法。语义分析是把文本内的词语排列后组成向量，再把多个文本的向量排列后组成矩阵，然后用奇异值分解对矩阵进行压缩，这种方法被用于根据文本内容进行分类、寻找意义相近的文本等。

Word2Vec是和语义分析一样以分布假设为前提，但不是以句子、段落为单位，而是以某个词的前后5~10个词的窗口作为分析单位，分析结构用词向量来表示，并用神经网络把这个向量压缩到100维或200维。换句话说，词语的"含义"可以用100维的向量值来表示。Word2Vec是一个新的技术，所以怎样在文本分析中活用还是一个未知数，但是现在可以作为获取词语潜在意义的一个工具。

## 第4章

频率统计的实际应用

以上一章的概要为基础，在本章中，我们要学习在做基本处理时需要进行的实际编程，具体包括计算文字、词语出现频率的处理，以及因此而需要分割为词语、语句的处理。首先是计算文字的出现频率，我们需要编写的程序要从语料库中读取文本数据，在文本数据已经被分割为语句的基础上，测定每句话中文字的出现频率。接下来是根据语素分析来进行词语的分割，然后进行计算词语的出现频率等相关处理。此外，通过计算每个句子的词语数量，我们能够实际感受到每个句子的词语数量分布，可以作为区别各种文本的备用特征量。

4.1 文字单位的出现频率分析

在本节中，我们要学习计算文字单位的出现频率。计算文字的出现频率这个工作，可以用collections模块的类Counter简单地实现。麻烦的地方反而是从外部读取文本后提取出作为对象的部分，以及删除不需要的部分等整理。再者，在计算每个句子中文字的出现频率时，我们必须要把文本分割成句子，而分割不是那么容易的事情，所以这也是一个问题。

4.1.1 文字的出现频率

计算文字的出现频率

首先，我们来计算取得的文本整体中文字的出现频率。因为不需要从文本中删除多余的部分，或把文本分割为句子等预处理，所以我们只需要计算文字数量就可以了。在计算文字数量时，我们用Python中含有的collection*1模块的类Counter就可以简单地完成了。

```
# -*- coding: utf-8 -*-
from collections import Counter
string = "This is apen."
cnt = Counter(string)
print(cnt)
```

执行结果如下所示。

```
Counter({' ': 3, 'i': 2, 's': 2, 'T': 1, 'h': 1, 'a': 1, 'p': 1, 'e': 1,
'n': 1, '.': 1})
```

在生成类Counter的实例时，我们给变量赋予作为对象的列表、字符串*2。在下一行中就这样调用实例cnt的话，就会以字典类型{文字：出现次数}的形式返回。这个结果的含义是空白文字（' '）出现了三次，文字（'i'）出现了两次，文字（'s'）出现了两次。如果我们想知道个别元素的出现次数时，可以执行下面这样的代码。

---

*1　请参考指南（http://docs.python.jp/3/library/collections.html）。

*2　类Counter的自变量只要是定序就可以，在这里实际使用时是列表、字符串。

```
print( cnt[i] )          ←结果为2
```

这样输入后，我们就能得到文字（'i'）的出现次数是2这个结果了。

如果我们计数时不用类Counter，那该怎么解决这个问题呢？在计算出现次数时，我们只需要登记出现的文字，然后统计登记每个文字的出现次数。不使用类Counter，而是自己来编写计算出现频率的程序，这是一个很好的练习机会。

同样，下面我们来计算汉语文本中的文字出现频率。在Python3中，不管是英语还是汉语，字符串和一个文字的列表是等同的，所以可以进行完全相同的处理[*3]。在完全相同的程序中，把字符串赋值为"我之所以成为今天的我，是因为某个阴云密布的寒冷冬日。"。

```
# -*- coding: utf-8 -*-
from collections import Counter
string = "我之所以成为今天的我，是因为某个阴云密布的寒冷冬日。"
cnt = Counter(string)
print(cnt)
```

执行程序后，可以得到如下结果。

```
Counter({'我': 2, '为': 2, '的': 2, '之': 1, '所': 1, '以': 1, '成': 1, '
今': 1, '天': 1, '，': 1, '是': 1, '因': 1, '某': 1, '个': 1, '阴': 1, '
云': 1, '密': 1, '布': 1, '寒': 1, '冷': 1, '冬': 1, '日': 1, '。': 1})
```

其中"我""为"和"的"出现了两次，其他文字各出现了1次。像上面这样，我们可以简单地计算文字的出现次数。

获取文本数据，计算文字的出现次数

下面我们通过从外部文库中获取文本数据来计算其文字的出现次数。这里我们使用的是《麦田里的守望者》中第一个小节中的文本数据（文件名是The_Catcher_in_the_Rye.txt）。

如果文本数据需要特殊处理，可以通过aozora.py文件进行预处理。因此，我

[*3] 在Python2中字符串被看作是字节单位的数组，所以结果不一样。实际尝试结果如下：
Counter({'\xe3': 10, '\x81':7, '\x82': 4, '\xe5': 3, '\x80': 2, '\xe7': 2, （以下略） })
得到了这样的结果。这里字节"E3"代表着10次，
"81"代表着7次。

们可以把这个文件放在一个独立的类中。aozora.py文件中的程序可以根据获取文本数据格式的不同进行灵活的改动。统计文本数据中文字的出现次数的程序如下所示。

```
# -*- coding: utf-8 -*-
from collections import Counter
from aozora import Aozora
aozora = Aozora("The_Catcher_in_the_Rye.txt")
# 调查每个文字的出现频率
string = '\n'.join(aozora.read())   # 把所有段落结合成一个字符串
cnt = Counter(string)
# 按频率顺序排序输出
print(sorted(cnt.items(), key=lambda x: x[1], reverse=True)[:50])
```

在输出时，如果我们像上一个程序一样用print(cnt)表示的话，就会杂乱地表示出很多文字的出现次数，这是因为字典类型的数据对内容没有进行排序。这样很难从结果中获取有效信息，所以我们需要按出现频率从大到小的顺序来输出内容。我们对Python的序列数据使用函数sorted来排序。这时，我们输入reverse=True来降序（数值大的优先）输出。在sorted的指定中，排序对象是cnt.items( )，应用于字典类型对象cnt的items函数把字典的元素返回为（字典键，值）这样的键值对序列。还有，用key=这样的参数来指定排序的关键词，在这里我们用lambda表达式"用x代表字典的元素（字典键，值）来作为关键词时，第2个元素是x[1]"，也就是说指定的是把元素中值的部分作为排序关键词来使用。这样，我们就得到了按值排序后的结果[4]。

这行的最后是[:50]，这表示在函数sorted的输出列表（（文字，出现频率）键值对的列表）中，显示从开头到第50个字的切片。

处理的结果如下所示。从结果中可以看到排列着（"我"，131）这样的（文字，出现频率）的键值对。

```
[(', ', 146), ('我', 131), ('。', 130), ('的', 101), ('是', 67), ('\n',
65), ('了', 54), ('一', 52),
('在', 51), ('不', 49), ('他', 42), ('这', 32), ('好', 30), ('来', 28), ('
们', 26), ('可', 25),
('个', 24), ('一', 24), ('有', 24), ('她', 23), ('那', 22), ('你', 21), ('
```

----

[4]　这里的处理当然也可以用for循环来编写，但在Python中推荐大家用这样的列表解析式的形式。

```
过', 20), ('得', 20),
('看', 20), ('人', 19), ('要', 18), ('大', 18), ('说', 18), ('里', 18), ('
也', 17), ('起', 17),
('学', 17), ('见', 17), ('球', 17), ('去', 16), ('没', 16), ('事', 15), ('
到', 15), ('开', 15),
('"', 15), ('"', 15), ('就', 15), ('地', 14), ('告', 14), ('子', 14), ('
西', 14), ('校', 14),
('生', 13), ('样', 13)]
```

4.1.2 把文本分割成语句，计算文字数

分割成语句

有时我们需要计算一句话中的文字数量或词语数量作为语句长度的指标。比如，我们想判断作者时，可以把句子长度的平均值、方差等作为一个特征量，再和其他特征量结合起来作为判断依据。

想计算每句话中的文字数和词语数的话，除了计算文字和词语以外，我们还需要找到句子的分割处。像下面说明的这样，在实际的语句中，分割处的判定是非常复杂的，但有时也可以简单地用"有句号就是分割处"这个规则来处理。

我们思考一下在英文环境中，一般认为句子的结束是句号"."，但在实际应用中，除了"."这个标点符号，问号"？"、感叹号"！"等也可以表示结束。

- 目录、章节的标题等用换行表示结束。同样，在列表（list）中，如果是名词、名词词组的话，结尾没有"."，而是用换行来表示项目的结束。

- 反之，在有些情况中，句号不表示句子的结束，比如像"Mr."这种情况中的省略号以及小数点等。

- 再者，像下面这样，如果句子的引号中含有句子，那么经常就会有在整个句子没有结束时就使用句号的情况[5]。

```
He said, "Goodluck."
```

NLTK的tokenizer[6]模块中有 `sent_tokenize`[7]，可以用作分割英语语句的工具。

---

[5] 引号的内侧有句号时要加以注意。

[6] Tokenizer的意思是指分割成token的机器。而token是"作为系统识别单位的词"（英日计算机用语辞典.研究社）。

[7] 请参照指南页面http://www.nltk.org/api/nltk.tokenize.html#nltk.tokenize.sent_tokenize。

```
import nltk
from nltk.corpus import inaugural
text = inaugural.raw('1789-Washington.txt')
sents = nltk.tokenize.sent_tokenize(text)
for u in sents:
    print(>+u+<)
```

输出的是分割后的语句列表，程序的输出结果如下所示。

```
>Fellow-Citizens of the Senate and of the House of Representatives:

Among the vicissitudes incident to life no event could have filled me with greater
anxieties than that of which the notification was transmitted by your order, and
received on the 14th day of the present month.<
>On the one hand, I was summoned by my Country, whose voice I can never hear but
with veneration and love, from are treat which I had chosen with the fondest
predilection, and, in my flattering hopes, with an immutable decision, as the
asylum of my declining years -- a retreat which was rendered every day more
necessary as well as more dear to me by the addition of habit to inclination, and
of frequent interruptions in my health to the gradual waste committed on it by
time.<
（以下略）
```

之所以在 print 中要特意在 u 的前后加上 '>' 和 '<'，是为了让 sent_tokenize 分割的单位能清楚地显示在界面上。在这个以 Fellow-Citizens 开头的文本中，Representatives: 的后面插入了两个换行 '\n'，但在分割句子时不能识别出来。下面的以 Among 开始的句子是以 the present month.（最后有句号）结束的，到这里才识别为一个句子。也就是说，这个 tokenizer 默认不把:（冒号）以及两个换行识别为语句的分割处。

在对汉语的文章分割语句时，原则上我们可以把句子结束的句号"。"作为分割符号。但是和英语相同，句子的结束方法不能一概而论，还有很多很复杂的情况。而且和英语相比，英语的教育中有"标准的写法"*8，而在汉语中根据作者的不同有很多的模式，所以会遇到用单独的一个规则难以应对的情况。

实际上，在获取文本时，需要根据文本的写作方法来调整程序的情况并不少见。有时在判断把哪里作为语句的分割处也会遇到困难。比如像下面的例子这样

---

*8　比如Turabian, K.L.：A Manual for Writers of Research Papers, Thesis and Dissertations, University of Chicago Press

用括号括起来的部分，我们应该把这部分看作周围句子的一部分，还是看作别的句子，根据不同的分割目的划分的结果也会有所不同。

> 我从未（在他身上）看出任何不同之处

在这个例子中，括号中括起来的部分在形式上看可以构成一个句子，但是一般情况下，我们不把这部分看作一个独立的句子，而是看作整个句子的一个构成要素。如果我们把括号看作句子的分割处，就分成了下面这3个句子。

（我从未）（在他身上）（看出任何不同之处）

（在他身上）这个部分虽然是一句话，但（我从未）和（看出任何不同之处）是零碎的，不能构成一句话。所以我们不能把括号作为分割句子的依据，而是应该把括号中的整体看作一个词语。在此基础上，把整体看作一个句子，这样处理比较好。

但是，还会有下面这样的情况，我们来看《我是猫》中的一小节。

> 最初我留在这个家的时候
> 除了其他人之外
> 只有主人欢迎我
> 无论我出现在什么地方
> 他们都不愿理我
> 还总让我到一边儿去
> （省略）

在这里为了看起来方便，我插入了换行（原文没有换行的情况下）。文本数据在没有标点符号、没有换行或者没有划分段落的情况下，如果机械地把整体看作一句话统计文字数量的话，那么一句话中的字数就会很多。

这样，我们就明白了程序不能自动地找到语句的分割处。因为根据作者的不同会有文体、写法的变化，所以我们很难写出适用于所有场合的分割程序。这就需要我们仔细观察原文以及分割结果，来确认有无异常情况。

每个语句的文字数量分布示例

下面是一个英语的语句文字数量分布示例，我们来分析一下华盛顿总统任职演讲的例子。下面使用前面提到的NLTK的*sent_tokenize*来分割语句。

```
-*- coding: utf-8 -*-
```

```
import matplotlib.pyplot as plt
import numpy as np
import nltk
from nltk.corpus import inaugural
from collections import Counter
text = inaugural.raw('1789-Washington.txt')
sents = nltk.tokenize.sent_tokenize(text)    # sents是以每个语句作为元素的列表
# 制作sents的语句文字数列表，用counter来计算频率
cnt = Counter(len(x) for x in sents)
# 把频率和长度用降序排序表示
print(sorted(cnt.items(), key=lambda x: [x[1], x[0]], reverse=True))
```

从NLTK的语料库中提取出文本数据text，用sent_tokenize对语句进行分割，并制作sents列表。用len制作所求sents的各个元素的文字数量列表，用Counter来计算其频率并用cnt来表示。按降序把频率和长度排序后把cnt表示出来。因为所有的频率都是1，所以我们加上按长度排序后的顺序，结果写出了如下的（长度，频率）对组。

```
(843, 1), (695, 1), (692, 1), (654, 1), (572, 1), (570, 1), (515, 1), (487, 1),
(477, 1), (436, 1), (369, 1), (315, 1), (279, 1), (278, 1), (230, 1), (209, 1),
(183, 1), (179, 1), (169, 1), (138, 1), (119, 1), (118, 1), (63, 1)
```

如果要绘制直方图的话，我们可以像下面这样用Matplotlib库的hist[9]。在赋予hist原始数据（各句字数的列表）之后，就可以进行相当于Counter的统计出现次数的处理，在此基础上，就能绘制出直方图。再者，因为hist的输入必须是NumPy的array类型（和len(x)的结果并列的列表类型是不行的），所以需要用np.array( )来变换类型。

```
nstring = np.array([len(x) for x in sents])
plt.hist(nstring)
plt.rcParams['font.sans-serif']=['SimHei']
plt.rcParams['axes.unicode_minus']=False
plt.title('1789年华盛顿总统任职演讲的每句话的字数分布')
plt.xlabel('语句的字数')
plt.ylabel('出现频率')
```

---

[9]　像hist这样绘制直方图的功能在很多程序包中都可以使用。在本书中，需要时也会用到许多直方图绘制功能。

```
plt.show()
```

得到了直方图如图4-1所示。

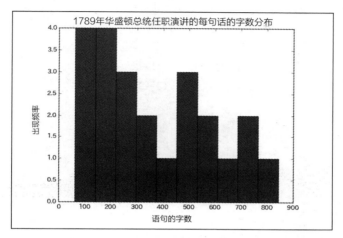

■图4-1 华盛顿总统任职演讲的每句话的字数分布

我们也可以计算每个句子的文字数量。在下面的例子中，我们只把"。"作为分割句子的依据，将中文版《我是猫》中前两章中的文本数据以句子为单位进行分割，统计各个句子中含有的文字数量和词语数量来表示句子的长度，并绘制成直方图。

```
# -*- coding: utf-8 -*-
from collections import Counter
import re
import numpy as np
import matplotlib.pyplot as plt
from aozora import Aozora
aozora = Aozora("I_am_a_cat.txt")
# 分解成句子后，计算每个句子中的文字数量
string = '\n'.join(aozora.read())
# 除去全角空格，遇到句号、换行后分割，遇到引号中的句号不换行
string = re.split('。(?!」)|\n', re.sub('　', '', string))
while '' in string:  string.remove('')    # 除去空行
cnt = Counter([len(x) for x in string])    # 把string的元素（句子）的长度制作成
列表
```

```
# 把句子的长度按频率排序后输出
print(sorted(cnt.items(), key=lambda x: x[1], reverse=True)[:100])
```

split指定的（'。(?!」)|\n'）详细情况，请参考正则表达式的指南
（https://docs.python.org/zh-cn/3/library/re.html）。split（行
分割）的条件是句号"。"后面没有"」"时（如果是?!…的话，后面的字符串
不和…相匹配则为True），则条件成立，可以执行split语句。

从频率大的句子开始输出结果，用（句子的长度，频率）这种形式显示。

```
(1, 55), (21, 46), (27, 46), (26, 44), (19, 43), (33, 42), (25, 42),
(22, 40), (31, 40), (18, 38),
(17, 37), (28, 37), (20, 35), (24, 33), (15, 32), (16, 31), (23, 30),
(30, 29), (29, 27), (32, 27),
(35, 27), (36, 26), (12, 25), (11, 25), (13, 23), (34, 22), (42, 21),
(38, 21), (14, 21), (10, 21),
(43, 20), (37, 20),
（以下省略）
```

执行下面的程序，用Matplotlib的hist来绘制直方图。

```
nstring = np.array([len(x) for x in string if len(x) < 100])
print('max', nstring.max())
plt.hist(nstring, bins=nstring.max())
plt.rcParams['font.sans-serif']=['SimHei'] #设置字体为SimHei，显示中文
plt.rcParams['axes.unicode_minus']=False #设置正常显示字符
plt.title('《我是猫》中每个句子的字数分布')
plt.xlabel('句子的字数')
plt.ylabel('出现频率')
plt.show()
```

直方图如图4-2所示。

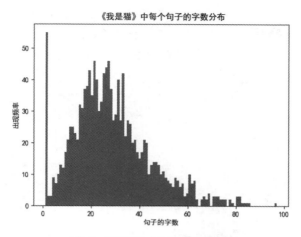

■ 图4-2 《我是猫》中每个句子的字数分布

这里，我们把句子长度不满100个字的部分画成直方图，理由是前文提到过，当连续出现直接引用时，程序会把其看作一个整体，于是就会有很长的句子出现。如果我们把实际上句子长度的频率按长度排序后输出的话，可以执行下面的代码。

```
print(sorted(cnt.items(), reverse=True)[:100])   # 把句子长度的频率按长度排序
后输出
```

这样我们就得到了下面的结果。

```
(128, 1), (106, 1), (104, 2), (97, 1), (86, 1), (85, 1), (84, 1), (83,
1), (82, 3), (81, 3),
(79, 1), (78, 2), (76, 2), (75, 2), (74, 2), (73, 3), (72, 3), (71, 3),
(69, 4), (68, 2),
(67, 3), (66, 2), (64, 2), (63, 8), (62, 7), (61, 10), (60, 4), (59, 3),
(58, 7), (57, 6),
(56, 8), (55, 9), (54, 6), (53, 7), (52, 8), (51, 9), (50, 11), (49,
10), (48, 13), (47, 14),
(46, 14), (45, 13), (44, 10), (43, 20), (42, 21), (41, 17), (40, 15),
(39, 17), (38, 21), (37, 20),
（以下省略）
```

从得到的结果可以知道每个句子的长度，比如最长的句子有128个字，句子长度超过100的有3个。不满100字的部分绘制在了直方图上。

我们对巴金的《家》前3章做同样的处理后，得到的直方图如图4-3所示。

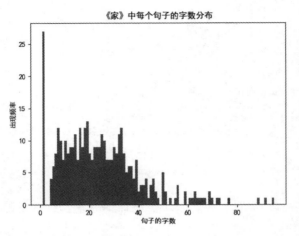

■图4-3　《家》中每个句子的字数分布

因为两者的坐标尺度不一样，在比较时大家会注意到，和《我是猫》相比，《家》整体上句子更短。通过收集各个作家的一些作品，绘制出其句子长度（文字数）的分布，这样我们就能知道每个作家的特点了。

4.2　单词的出现频率分析

在上一节中，我们学习了用函数len来计算文字的出现频率和字符串的长度。此外，还了解到当我们想计算每个句子的字数时，需要把文本分割为句子，但并不是把句号等作为划分符号就能顺利地完成分割，有时会出现一些问题。在本节中，我们要学习计算的不是句子的长度和字数，而是单词数量。

在计算单词数量时，我们要把文本分割为单词。在英语的文本中，单词之间本来就是用空格分开的，所以可以很容易地进行单词分割。但是在汉语中，字和字、词和词之间没有空格，所以就需要我们来找出字或者词。下面会介绍如何使用用"语素分析"这个方法来分割单词。

4.2.1 英语单词的出现频率分析

下面我们要统计英语中的单词数量，并计算频率分布。把文本分割为句子的方法在上一节中提到过，依据句号来划分的话在有些场合会出现问题，所以在这里我们使用相比起来更能根据实际情况来划分的NLTK的tokenize功能。

接下来的问题是把句子分割为单词。因为英语中单词之间都用空格划分开了，所以在大多数情况下，我们可以根据空格来分割单词。

下面是NLTK语料库中华盛顿总统的1789年总统任职演讲，在程序中实现用 sent-tokenize分割句子，根据空格来分割单词并计算单词的数量。

■ 例4.1　分割为句子后，再分割为单词并计数的程序示例

```
# -*- coding: utf-8 -*-
import matplotlib.pyplot as plt
import numpy as np
import nltk
from nltk.corpus import inaugural
from collections import Counter
sents = nltk.tokenize.sent_tokenize(inaugural.raw('1789-Washington.
txt'))
cnt = Counter(len(sent.split()) for sent in sents)
print(sorted(cnt.items(), key=lambda x: [x[1], x[0]], reverse=True))

nstring = np.array( [len(sent.split()) for sent in sents] )
plt.hist(nstring)
plt.rcParams['font.sans-serif']=['SimHei'] #设置字体为SimHei, 显示中文
plt.rcParams['axes.unicode_minus']=False #设置正常显示字符
plt.title('1789年华盛顿总统任职演讲中每个句子的单词数量分布')
plt.xlabel('句子的单词数量')
plt.ylabel('出现频率')
plt.show()
```

结果用（单词数量，出现次数）的形式来表示。

```
(140, 1), (112, 1), (110, 1), (104, 1), (93, 1), (91, 1), (89, 1), (88, 1),
(81, 1), (69, 1), (63, 1), (51, 1), (47, 1), (46, 1), (41, 1), (38, 1), (34, 1),
(30, 1), (29, 1), (25, 1), (20, 1), (19, 1), (11, 1)
```

把结果绘制成直方图如图4-4所示。

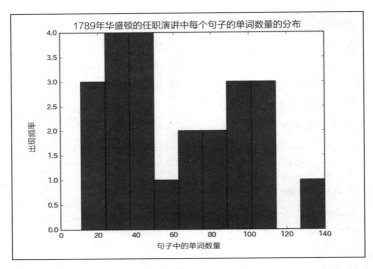

■图4-4　1789年华盛顿的任职演讲中每个句子的单词数量的频率分布

　　下面我们来比较一下几个总统，把1789年的华盛顿总统、1964年的肯尼迪总统和2007年的奥巴马总统三个人并列起来，观察他们的演讲特点。

```
# -*- coding: utf-8 -*-
import matplotlib.pyplot as plt
import numpy as np
import nltk
from nltk.corpus import inaugural
from collections import Counter
sents_Washington = nltk.tokenize.sent_tokenize(inaugural.raw('1789-
Washington.txt'))
sents_Kennedy= nltk.tokenize.sent_tokenize(inaugural.raw('1961-Kennedy.
txt'))
sents_Obama = nltk.tokenize.sent_tokenize(inaugural.raw('2009-Obama.
txt'))
cnt_Washington = Counter(len(sent.split()) for sent in sents_Washington)
cnt_Kennedy = Counter(len(sent.split()) for sent in sents_Kennedy)
cnt_Obama = Counter(len(sent.split()) for sent in sents_Obama)
print(sorted(cnt_Washington.items(), key=lambda x: [x[1], x[0]],
reverse=True))
print(sorted(cnt_Kennedy.items(), key=lambda x: [x[1], x[0]],
reverse=True))
```

```
print(sorted(cnt_Obama.items(), key=lambda x: [x[1], x[0]],
reverse=True))
nstring_Washington = np.array( [len(sent.split()) for sent in sents_
Washington] )
nstring_Kennedy = np.array( [len(sent.split()) for sent in sents_
Kennedy] )
nstring_Obama = np.array( [len(sent.split()) for sent in sents_Obama] )


plt.hist([nstring_Washington, nstring_Kennedy, nstring_Obama],
        color=['blue', 'red', 'green'],
        label=['1789年华盛顿', '1961年肯尼迪', '2007年奥巴马'])
plt.rcParams['font.sans-serif']=['SimHei'] #设置字体为SimHei，显示中文
plt.rcParams['axes.unicode_minus']=False #设置正常显示字符
plt.title('1789年华盛顿/1961年肯尼迪/2007年奥巴马任职演讲中每个句子的单词数量分
布')
plt.xlabel('句子的单词数量')
plt.ylabel('出现频率')
plt.legend()
plt.show()
```

通过程序绘制成直方图如图4-5所示。

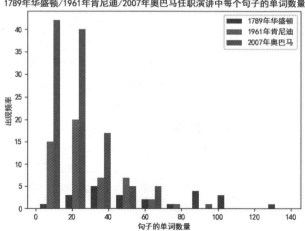

■ 图4-5　1789年华盛顿、1961年肯尼迪、2007年奥巴马任职演讲中每个句子的单词数量的频数分布*10

*10　看程序我们会知道，直方图中1789年华盛顿是蓝色，1961年肯尼迪是红色，2007年奥巴马是绿色，但在黑白印刷中没有显示出来。在并列的3个矩形中，左边是华盛顿，中间是肯尼迪，右边是奥巴马。

纵轴的出现频数依赖于演讲的长度，所以我们可以很明显地看出来华盛顿的演讲很短，而奥巴马的演讲很长，而且每个句子中单词数量的分布也很不一样。华盛顿的句子中单词多，也就是说句子很长，与之相对，奥巴马的很多句子单词都比较少。而肯尼迪的演讲感觉介于两者之间。这可能是时代的差异，也可能是个人的差异。

NLTK的语料库收集了从1789年的华盛顿总统到2009年的奥巴马总统之间历代总统的任职演讲，我们把其他总统也一起并列分析肯定会很有意思[*11]。

4.2.2 中文词语的出现频数分析

中文分词是中文文本处理的一个基础步骤，首先，我们来学习计算文本整体词语数量的程序。在计算中文文本中的词语数量时，可以使用Python的jieba分词器将文本进行分词。这是一个非常流行且开源的分词器，在进行中文自然语言的处理时非常方便。

jieba的使用方法

jieba是一个优秀的中文词频分析工具，它可以统计词语在文本中出现的频率。在分析中文文本时，需要通过分割句子获取单个词语。jieba属于第三方库，需要使用如下命令单独安装。

```
pip install jieba
```

jieba库的中文分词原理是利用一个中文词库，确定汉字之间的关联概率。然后汉字间关联概率大的会组成词组，形成分词结果。除了分词，我们还可以添加自定义的词组。

jieba支持三种模式的分词，分别是精确模式、全模式和搜索引擎模式。下面我们来分别了解一下这三种模式。

精确模式：可以把文本数据精确地切分开，不存在冗余单词，适合文本分析。

全模式：把文本中所有可能的单词都扫描出来，速度快，但存在冗余情况。

搜索引擎模式：在精确模式的基础上，对一些长词再次分割，适合搜索引擎分词。

下面我们通过一个简单的程序来学习jieba的三种模式。

[*11] 如果想把NLTK的语料库中含有的任职演讲的文件名列表化，可以在import nltk的后面运行nltk. corpus.inautural.fileids( )。

```
# -*- coding: utf-8 -*-
import jieba
txt = "她从中国科学院计算技术研究所出来后直接回了住所。"
print("/".join(jieba.lcut(txt)))      # 精确模式
print("/".join(jieba.lcut(txt, cut_all=True)))      # 全模式，指定'cut_
all=True'
print("/".join(jieba.lcut_for_search(txt)))          # 搜索引擎模式
```

输出结果是下面这样的，从这三种模式的输出结果中我们可以明显地感受到不同模式的分词效果。

```
她/从/中国科学院计算技术研究所/出来/后/直接/回/了/住所/。
她/从中/中国/中国科学院/中国科学院计算技术研究所/科学/科学院/学院/计算/计算技术/技术
/研究/研究所/所出/出来/后/直接/接回/了/住所/。
她/从/中国/科学/学院/计算/技术/研究/科学院/研究所/中国科学院计算技术研究所/出来/后/
直接/回/了/住所/。
```

jieba有几个常用的函数，下面分别介绍它们的含义。

jieba.cut(str)：精确模式，返回一个可迭代的数据类型。

jieba.cut(str,cut_all=True)：全模式，输出文本中所有可能的单词。

jieba.cut_for_search(str)：搜索引擎模式，适合搜索引擎建立索引的分词结果。

jieba.lcut(str)：精确模式，返回一个列表类型。

jieba.lcut(str,cut_all=True)：全模式，返回一个列表类型。

jieba.lcut_for_search(str)：搜索引擎模式，返回一个列表类型。

jieba.add_word(str)：向分词词典增加新词str。

jieba除了支持简体中文的分词还支持繁体字的分词，将需要分词的文本数据换成繁体数据就可以了。在分词的时候还可以指定自定义词典，这样可以包含jieba库中没有的词，使分词的正确率更高。使用jieba.load_userdict(file_name)语句可以载入词典，其中file_name是自定义词典的路径。

jieba提供了两种关键词的提取方法，分别基于TF-IDF算法和TextRank算法。本书主要介绍基于TF-IDF算法的关键词提取。通过jieba.analyse.extract_tags()方法可以基于TF-IDF算法进行关键词的提取，该方法有4个参数。

sentence：待提取的文本数据。

topK：返回TF-IDF权重最大的关键词个数，默认值为20个。

withWeight：是否一并返回关键词权重值，默认值为False。

allowPOS：仅包含指定词性的词，默认值为空。

jieba还可以标注句子分词后每个词的词性，采用和ICTCLAS兼容的标记法。

```
import jieba.posseg as pseg
words=pseg.cut("我是一只猫")
for w in words:
    print(w.word,w.flag)
```

执行上面的程序后可以看到对"我是一只猫"这句话分词后的词性标注。

```
我 r
是 v
一只 m
猫 n
```

其中，"我"后面标注的r表示代词，"是"后面标注的v表示动词，"一只"后面标注的m表示数词，"猫"后面标注的n表示名词。下面是常见的词性标注，想知道更多词性标注，可以查看jieba词性标注表。

标注符号	符号含义	说明
a	形容词	取adjective的第一个字母
ad	副形词	直接作状语的形容词
c	连词	取conjunction的第1个字母
d	副词	取adverb的第2个字母
g	语素	绝大多数语素都能作为合成词的"词根"
m	数词	取numeral的第3个字母
n	名词	取noun的第1个字母
p	介词	取prepositional的第1个字母
r	代词	取pronoun的第2个字母
v	动词	取verb的第一个字母
vn	动名词	指具有名词功能的动词
x	非语素字	只是一个符号，字母x通常代表未知数、符号

我们还可以使用jieba将分词后的结果写入到一个新的文件中。

```
import jieba
fileR = open('test.txt', 'r', encoding='UTF-8')
```

```
sent = fileR.read()
sent_list = jieba.cut(sent)
fileW = open('b.txt', 'w', encoding='UTF-8')
fileW.write(' '.join(sent_list))
fileR.close()
fileW.close()
```

这个程序可以实现将文本test.txt中的内容分词后写入一个新的文本文件 b.txt中。词语和词语之间以空格分割。

接下来，我们使用下面这段程序分解文本数据，然后计算词语的出现频数。 程序如例4.2所示。

■ 例4.2 分解文本，计算词语出现频数的程序示例

```
# -*- coding: utf-8 -*-
import jieba
txt = open("I_am_a_cat.txt", encoding="utf-8").read()
words = jieba.lcut(txt)   #使用精确模式对文本进行分词
counts = {}   #通过键值对的形式存储词语以及其出现的次数
for w in words:
    counts[w] = counts.get(w,0) + 1 #遍历所有的词语，每出现一次，其对应的值加1
items = list(counts.items())
for i in range(30):
w, count = items[i]
# 按频数排序,输出100个单词
print(sorted(counts.items(),key=lambda x:x[1], reverse=True)[:50])
```

程序的处理结果如下：

```
[(', ', 2449), ('。', 1265), ('的', 1043), ('我', 870), ('了', 597),
(' " ', 464), (' " ', 455), ('\n', 417),
('是', 370), (': ', 296), ('说', 275), ('他', 263), ('在', 249), ('也',
246), ('主人', 211), ('就', 208), ('? ', 151), ('不', 150), ('这', 143),
('你', 132), ('她', 120), ('人', 113), ('到', 111), ('有', 108),
('没有', 106), ('把', 104), ('很', 103), ('什么', 103), ('它', 101), ('
都', 98), ('去', 93), ('上', 92),
('着', 91), ('那', 89), (' ', 85), ('…', 84), (' ', 83), ('又', 80), ('
和', 76), ('地', 76), ('想', 75),
('让', 74), ('对', 73), ('还', 72), ('啊', 72), ('真是', 70), ('这个',
69), ('这样', 66), ('吃', 65),
```

('被', 64)]

　　在程序的执行结果中存在很多的无用数据，这是因为程序把文本中的标点符号、空格、无意义的字等全部进行了统计。这并不是我们想要的分析结果，这种情况下就需要用到停用词表。在使用停用词表之前，我们先来了解一下什么是停用词。在信息检索中，为了节省存储空间，提高搜索效率，在处理自然语言数据（或文本）之前或之后会自动过滤掉某些字或词，这些字或词就是停用词。停用词表中存储了很多停用词，我们需要在网上自行下载停用词表并导入到程序中。

　　导入停用词表sw.txt（文件名可自定义）之后的程序如例4.3所示。

■ 例4.3　导入停用词表并分词的程序示例

```
# -*- coding: utf-8 -*-
import jieba
txt = open("I_am_a_cat.txt", encoding="utf-8").read()
#加载停用词表
stopwords = [line.strip() for line in open("sw.txt",encoding="utf-8").
readlines()]
words  = jieba.lcut(txt)               #使用精确模式对文本进行分词
counts = {}                            #通过键值对的形式存储词语以及其出现的次数
for w in words:
    #不在停用词表中
    if w not in stopwords:
        #不统计字数为一的词
        if len(w) == 1:
            continue
        else:
            counts[w] = counts.get(w,0) + 1
items = list(counts.items())

for i in range(30):
    w, count = items[i]
# 按频数排序,输出50个结果
print(sorted(counts.items(),key=lambda x:x[1], reverse=True)[:50])
```

　　输出的50个高频词语如下所示。现在，我们便得到了想要的效果。从结果中可以看出，出现次数最多的是"主人"，其次是"没有""真是"等。

```
[('主人', 211), ('没有', 106), ('真是', 70), ('知道', 46), ('已经', 44), ('
先生', 43), ('这种', 42),
```

```
('迷亭', 42), ('说道', 39), ('声音', 36), ('不是', 35), ('寒月', 35), ('女
佣', 34), ('夫人', 33),
('年糕', 33), ('出来', 32), ('一定', 31), ('好像', 29), ('一下', 29), ('觉
得', 27), ('名字', 26),
('地方', 26), ('一点', 26), ('东西', 25), ('姑娘', 25), ('人类', 24), ('感
觉', 24), ('事情', 24),
('回答', 24), ('今天', 23), ('猫儿', 23), ('感到', 22), ('起来', 22), ('不
能', 22), ('应该', 22),
('东风', 22), ('客人', 21), ('发出', 20), ('阿三', 20), ('本来', 20), ('十
分', 19), ('教师', 19),
('一次', 18), ('一会儿', 18), ('现在', 18), ('孩子', 18), ('不停', 18), ('老
黑', 18), ('总是', 17),
('家里', 17)]
```

Python的脚本、模块、程序包以及_main_[*12]

　　在编写Python的程序时，对于需要反复用到的功能，如果每次都复制的
话会很麻烦。我们把这部分做成文件，需要用时就可以很方便地导入。导入
的方法是使用常见的import语句，我们把导入的对象叫作"模块"。目前
我们使用的一直是别人提供的模块，比如提供绘制图表函数的Matplotlib模
块，提供数值处理函数的NumPy、pandas等，而且新的库还在产生。

　　严谨地说，导入的对象有写成单一的py文件（叫作"模块"）和多个模
块组合在一起的情况（叫作"程序包"）。程序包中有各种各样的模块，比
如导入的matplotlib中的pyplot。

```
import matplotlib.pyplot
```

　　在自己定义模块时，我们可以只把函数和类的定义提取出来做成文件，
在用import导入时，Python必须能准确地找到文件。检索的操作步骤如下：

1.　　和调用模块的文件相同的文件夹。
2.　　当前文件夹。
3.　　添加到环境变量的文件夹。

[*12]　请参考Python教程 6.模块（https://docs.python.org/zh-cn/3/tutorial/modules.html）

4. 预设的文件夹。

其中，第3、4步的检索路径在Python的程序中，输入以下内容就可以指定路径了。

```
import sys
print(sys.path)
```

第1步中放在和调用模块的文件相同的文件夹中这个操作是简单的。如果是aozora.py的话，原本就放在那个位置了。但是，如果是用别的文件的话，那么每次都需要复制。在系统中如果只想复制1次的话，我们可以用第3步中的方法。在决定好放置文件夹的模块后，把文件夹放入模块中，然后需要在环境变量PYTHONATH中添加那个文件夹的路径。

我们在浏览网上的Python模块文件时，有时会看到下面这样的语句。

```
if __name__ == '__main__':
    程序
```

这种语句一般作为最高级的程序块加在程序的末尾部分，下面是对这个语句的说明。

在用python命令直接启动这个文件时（也就是说，如果这个程序的文件是foo.py的话，用python foo.py启动时），变量_ _name_ _的值是字符串_ _main_ _。而在用import foo来调用foo.py时，值就变成了foo。因此，我们就可以区分是运行导入foo.py文件后的结果，还是用python命令直接启动的。

使用这个语句，我们就可以编写单独（不用特意编写程序导入也可以）测试或演示这个模块的环境。对上述语句的补充如下所示。

```
if __name__ == '__main__':
    调用这个模块定义的函数（加上适当的自变量）
    进行测试或演示，显示结果
```

我们只要补足这个程序，用python命令直接启动模块后，就可以测试并演示用模块定义的内容了。

## 第 5 章

文本挖掘的各种处理示例

本章对文本挖掘用到的各种处理方法，在说明原理的同时，还会介绍具体的程序示例，并且展示结果，让读者了解这些方法可以做到的事情。具体包括N-gram的利用、TF-IDF等基本技术和KWIC、积极消极（感情）分析、词语的含义和同义词辞典检索、关联分析的利用等应用技术，以及尚未成熟的（潜在）语义利用的可能性等。在实际应用中，我们可以根据目的把这些技术结合起来。

5.1 连续·N-gram的分析和利用

N-gram是自然语言处理中非常重要的概念，使用N-gram可以把相邻的文字、词语，即把文字、词语的"连续"作为单位进行分析，计算和利用连续的频率分布。当只有1个元素时称为1-gram（monogram），2-gram（bigram）是两个元素连接的模式，3-gram（trigram）是3个元素连接的模式。

5.1.1 文字的N-gram分析和应用

下面，我们来学习以文字为单位分割出N-gram，并计数出现次数的程序。

■ 例5.1 分割出N-gram并计数出现次数的程序

```
# -*- coding: utf-8 -*-
from collections import Counter
import numpy as np
string = "我是一只猫，直到今天还没有名字。"
delimiter = ['「', '」', '…', '　']
doublets = list(zip(string[:-1], string[1:]))
doublets = filter((lambda x: not((x[0] in delimiter) or (x[1] in
delimiter)) ),  \
                  doublets)

triplets = list(zip(string[:-2], string[1:-1], string[2:]))
triplets = filter((lambda x: not((x[0] in delimiter) or (x[1] in
delimiter) or \
                          (x[2] in delimiter))), triplets)

dic2 = Counter(doublets)
for k,v in sorted(dic2.items(), key=lambda x:x[1], reverse=True)[:50] :
    print(k, v)
dic3 = Counter(triplets)
for k,v in sorted(dic3.items(), key=lambda x:x[1], reverse=True)[:50] :
    print(k, v)
```

我们把输入的文本"我是一只猫，直到今天还没有名字。"分割为文字的2-gram和3-gram，2-gram结果如下：

```
('我', '是') 1
```

```
('是', '一') 1
('一', '只') 1
('只', '猫') 1
('猫', ', ') 1
(', ', '直') 1
('直', '到') 1
('到', '今') 1
('今', '天') 1
('天', '还') 1
('还', '没') 1
('没', '有') 1
('有', '名') 1
('名', '字') 1
('字', '。') 1
```

3-gram的结果如下：

```
('我', '是', '一') 1
('是', '一', '只') 1
('一', '只', '猫') 1
('只', '猫', ', ') 1
('猫', ', ', '直') 1
(', ', '直', '到') 1
('直', '到', '今') 1
('到', '今', '天') 1
('今', '天', '还') 1
('天', '还', '没') 1
('还', '没', '有') 1
('没', '有', '名') 1
('有', '名', '字') 1
('名', '字', '。') 1
```

右端的数字是出现次数，由于文本对象很短，所以所有的模式只出现过1次。因为计算文字的N-gram分布是很容易的，所以文字的N-gram作为判断文本类似度或文本作者的特征量等被广泛使用。在判断作者时，一般只用这个特征量是不充分的，所以经常需要和其他特征量结合起来进行判断[1]。

---

[1]　比如：
西村 等：Yahoo! 判断在知惠袋上投稿的文本的作者，语言处理学会第15次年度大会论文发表集.pp.558-561.2009
小高 等：使用n-gram评价学生报告的方法，电子信息通信学会论文杂志，D-I，86-9，pp.702-705，2003

5.1.2 语句的N-gram分析和应用

使用N-gram除了可以对文字进行分析，也可以对文本数据中的句子进行分析和应用。以语句为单位的N-gram也同样容易计算，所以在很多场合都会被用到。通常进行语素分析后，按单词计数N-gram的出现频率就可以了。在下面的例子中，我们使用文本数据处理的程序如例5.2所示。

■ 例5.2 使用文本数据生成语句的N-gram频率数据的程序示例

```python
# -*- coding: utf-8 -*-
from collections import Counter
import numpy as np
from numpy.random import *
from nltk.corpus import PlaintextCorpusReader
delimiter = ['「', '」', '…', ' ']          #N-gram数据中排除的字符列表
corpus_root = r"D:\ch05"
file_pattern = r"mankind.txt"
wordlists = PlaintextCorpusReader(corpus_root, file_pattern)
wordlists.fileids()
string = wordlists.words("mankind.txt")
doublets = list(zip(string[:-1], string[1:]))
doublets = filter((lambda x: not((x[0] in delimiter) or (x[1] in
delimiter)) ), \
                    doublets)
triplets = list(zip(string[:-2], string[1:-1], string[2:]))
triplets = filter((lambda x: not((x[0] in delimiter) or (x[1] in
delimiter) or \
                            (x[2] in delimiter))), triplets)
dic2 = Counter(doublets)                       # 2-gram的出现次数
dic3 = Counter(triplets)                       # 3-gram的出现次数
for u,v in dic2.items():
    print(u, v)
for u,v in dic3.items():
    print(u, v)
```

将txt格式的文本内容作为输入的文本数据，这个数据是由7个句子组成的文本，下面是这个文本的内容。

虽然人种之间有诸多不同，但还是有几项共同的人类特征。
其中最重要的一点，就是人类的大脑明显大于其他动物。
人类深深迷恋着我们自己的高智能，于是一心认为智力当然是越高越好。

时到今日，人类大脑带来的好处显而易见。

在超过200万年间，虽然人类的神经网络不断增长，但除了能用燧石做出一些刀具，能把树枝削尖变成武器，人类的大脑实在没什么特殊表现。

那么，究竟是为什么，才驱使人类的大脑在这200万年间不断这样演化？

坦白说，我们也不知道。

执行程序后，可以分别得到2-gram和3-gram的分析结果。下面是2-gram的分析结果。

```
('虽然人种之间有诸多不同', '，', '') 1
('，', '', '但还是有几项共同的人类特征') 1
('但还是有几项共同的人类特征', '。') 1
('。', '其中最重要的一点') 1
('其中最重要的一点', '，', '') 1
('，', '', '就是人类的大脑明显大于其他动物') 1
('就是人类的大脑明显大于其他动物', '。') 1
('。', '人类深深迷恋着我们自己的高智能') 1
('人类深深迷恋着我们自己的高智能', '，', '') 1
('，', '', '于是一心认为智力当然是越高越好') 1
('于是一心认为智力当然是越高越好', '。') 1
('。', '时到今日') 1
('时到今日', '，', '') 1
('，', '', '人类大脑带来的好处显而易见') 1
('人类大脑带来的好处显而易见', '。') 1
('。', '在超过200万年间') 1
('在超过200万年间', '，', '') 1
('，', '', '虽然人类的神经网络不断增长') 1
('虽然人类的神经网络不断增长', '，', '') 1
('，', '', '但除了能用燧石做出一些刀具') 1
('但除了能用燧石做出一些刀具', '，', '') 1
('，', '', '能把树枝削尖变成武器') 1
('能把树枝削尖变成武器', '，', '') 1
('，', '', '人类的大脑实在没什么特殊表现') 1
('人类的大脑实在没什么特殊表现', '。') 1
('。', '那么') 1
('那么', '，', '') 1
('，', '', '究竟是为什么') 1
('究竟是为什么', '，', '') 1
('，', '', '才驱使人类的大脑在这200万年间不断这样演化') 1
('才驱使人类的大脑在这200万年间不断这样演化', '？') 1
```

```
('? ', '坦白说') 1
('坦白说', ', ') 1
(', ', '我们也不知道') 1
('我们也不知道', '。') 1
```

之前我们使用单独的语句进行N-gram分析时，程序会将每一个字单独进行分割。当整篇文本数据作为处理对象时，程序将以逗号或句号为分割点对文本中的数据进行分割。

下面是生成的3-gram的分析结果。

```
('虽然人种之间有诸多不同', ', ', '但还是有几项共同的人类特征') 1
(', ', '但还是有几项共同的人类特征', '。') 1
('但还是有几项共同的人类特征', '。', '其中最重要的一点') 1
('。', '其中最重要的一点', ', ') 1
('其中最重要的一点', ', ', '就是人类的大脑明显大于其他动物') 1
(', ', '就是人类的大脑明显大于其他动物', '。') 1
('就是人类的大脑明显大于其他动物', '。', '人类深深迷恋着我们自己的高智能') 1
('。', '人类深深迷恋着我们自己的高智能', ', ') 1
('人类深深迷恋着我们自己的高智能', ', ', '于是一心认为智力当然是越高越好') 1
(', ', '于是一心认为智力当然是越高越好', '。') 1
('于是一心认为智力当然是越高越好', '。', '时到今日') 1
('。', '时到今日', ', ') 1
('时到今日', ', ', '人类大脑带来的好处显而易见') 1
(', ', '人类大脑带来的好处显而易见', '。') 1
('人类大脑带来的好处显而易见', '。', '在超过200万年间') 1
('。', '在超过200万年间', ', ') 1
('在超过200万年间', ', ', '虽然人类的神经网络不断增长') 1
(', ', '虽然人类的神经网络不断增长', ', ') 1
('虽然人类的神经网络不断增长', ', ', '但除了能用燧石做出一些刀具') 1
(', ', '但除了能用燧石做出一些刀具', ', ') 1
('但除了能用燧石做出一些刀具', ', ', '能把树枝削尖变成武器') 1
(', ', '能把树枝削尖变成武器', ', ') 1
('能把树枝削尖变成武器', ', ', '人类的大脑实在没什么特殊表现') 1
(', ', '人类的大脑实在没什么特殊表现', '。') 1
('人类的大脑实在没什么特殊表现', '。', '那么') 1
('。', '那么', ', ') 1
('那么', ', ', '究竟是为什么') 1
(', ', '究竟是为什么', ', ') 1
('究竟是为什么', ', ', '才驱使人类的大脑在这200万年间不断这样演化') 1
(', ', '才驱使人类的大脑在这200万年间不断这样演化', '? ') 1
```

```
('才驱使人类的大脑在这200万年间不断这样演化', '？', '坦白说') 1
('？', '坦白说', '，', ) 1
('坦白说', '，', '，', '我们也不知道') 1
('，', '，', '我们也不知道', '。') 1
```

我们的这个实验是关于语句的N-gram分析，其实还可以利用N-gram进行更多的研究，比如使用它的自动分类功能对文献进行自动的划分。

在基于语料库的前提下，我们可以使用N-gram来预测或评估句子的合理性。当然，它也可以用来评估两个字符串之间的差异程度，这也是模糊匹配中经常用到的一种方法。

我们平时在用搜索引擎（百度、谷歌或者火狐）输入关键字进行搜索时，搜索框通常会返回一些备选输入项。而这些备选输入项其实就是在猜想我们想搜索的关键字。常见的例子还有当我们使用输入法输入汉字时，输入法通常可以关联出一个完整的词语，比如输入"数"这个字时，输入法就会提示是否要输入"数字"等提示信息。这些我们经常会见到的现象其实就是以N-gram模型为基础来实现的。

5.2 词的重要性和TF-IDF分析

本节要介绍的是作为提取重要词的工具TF-IDF，它可以用来反映语料库中某篇文档中某个词的重要性。能表现文章特征的重要词、关键词在很多场合都能派上用场，比如检索文本时寻找匹配的关键词，概括文本时作为文本骨架等。

近年来，把文本整体作为对象的这种检索方法（全文检索）正在被广泛使用，但是以前用的检索方法是，先收集录入文本的关键词集合，然后选出含有和搜索词相匹配的关键词文本。而且直到现在，图书的检索也不是输入全部文本，而只是输入题目和作者作为关键词进行检索。

还有，在概括文本或给文章命名时，先提取关键词，然后再写含有关键词的摘要和题目，这种做法是很有效的。在提取关键词时，首先我们要找出文章中出现次数多的单词。但是，从表5-1中单词出现频率分析的结果可知，在出现次数这一列中，排在前面的词语实际上是频繁通用的词语。即使我们通过词类信息只指定名词，还是有很多像"事"这样没有特殊含义的通用词语位居前列。根据现实情况，这种词语并不能成为重要词或关键词。而能体现文本内容特点的词语就是像"主人"这样的名词。

名词	出现次数
'事'	1207
'君'	973
'主人'	932
'御'	636
'人'	602
'一'	554
'何'	539

■ 表5-1 文本中名词的出现频率

因此，我们希望把在全文中出现次数多，但是含有这个词的文本（文献）数量少，即不是到处都会出现的稀少词语，判定为重要词，这时我们就要用到本节介绍的TF-IDF（Term Frequency· Inverse Document Frequency）。

这里的IDF分析方法，在1972年的Jones的论文Jones,S.K.:A Statistical Interpretation of Term Specificity and Its Application in Retrieval,Journal of Documentation.28,pp.11–21.doi:10.1108/eb026526,1972中，是信息检索部分的研究，但是IDF不仅用于检索，还被用于通过特征词的出现模式来总结文章特征，判断类似度等。

虽然下文中我们是以单词为对象，但是其他的单位，比如文字、句子（phrase）也可以作为重要性的计算方法。这里我们采用通常的做法，即把单词作为对象来讨论TF-IDF。

计算IDF的"文本"，根据实际情况可以选择不同的单位。比如收集研究论文的摘要（abstract），我们想用单词的TF-IDF把其中的关键词提取出来的话，就把一个论文摘要当作"文本"单位，来判断其中有没有出现关键词，或者收集很多随笔，把他们一个个作为分析文本，根据关键词来判断主题等，有很多这样的应用例子。

TF-IDF分析

TF-IDF的值是tf_{ij}（Term Frequency，单词i在文本j中的出现频率）和idf_i（Inverse Document Frequency，含有单词i的文本数量倒数的log）的积。

$$tfidf = tf \times idf$$

　　如果我们认为出现次数多的单词就重要的话，那么很多无意义的词就会被判定为重要词。为了修正这一点，我们让这个词的出现次数，乘以含有这个词的文本数量倒数的log，得到的就是$tfidf$。

$$tf_{ij} = \frac{n_{ij}}{\sum_k n_{kj}}$$

$$idf_i = \log \frac{|D|}{|\{d : d \ni t_i\}|}$$

　　其中，N_{ij}是单词t_i在文本d_j中的出现次数，$\sum_k n_{k,j}$是文本d_j中所有单词的出现次数之和，$|D|$是总文本数，$|\{d : d \ni t_i\}|$是包含单词t_i的文本数。

　　接下来是计算示例。当词语的出现模式如图5-1时，我们计算在6个文本中，3个词语（词1，词2，词3）的$tfidf$。

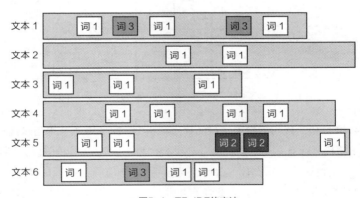

■ 图5-1　TF-IDF的方法

单词的出现次数，即tf，如表5-2所示。

出现次数	词1	词2	词3
文本1	3	0	2
文本2	2	0	0
文本3	3	0	0
文本4	4	0	0
文本5	3	2	0
文本6	3	0	1

■ 表5-2　在文本1~6中词1、词2、词3的TF

idf是对各个词进行如表5-3的计算。词1的idf如下：

$$idf = \log\frac{\text{文本总数6}}{\text{含有词1的文本数6}} = \log 1 = 0$$

同样，含有词2的文本数是1，所以词2的idf为log(6/1)=0.778，含有词3的文本数为2，所以词3的idf为log(6/2)=0.477。

$tfidf$是用出现频率乘以系数idf（即$tfidf = tf \times idf$），只在文本5中出现的词2的系数最高，所以词2的$tfidf$最大，而在所有文本中都出现过的词1，无论出现次数如何，$tfidf$的结果都为0。

$tfidf$	词1	词2	词3
文本1	0	0	0.954
文本2	0	0	0
文本3	0	0	0
文本4	0	0	0
文本5	0	1.556	0
文本6	0	0	0.447

■ 表5-3　在文本1~6中词1、词2、词3的TF-IDF（原定义）

TF-IDF的值是以信息检索为目的提出的指标，但是有人认为信息理论上的意义并不明确，而且在本例中也可以看到，在所有文本中都出现过的单词的idf为0，也就是说即使出现次数很多，$tfidf$也为0。还有只出现过1次的词语，因为分母为0所以没办法计算。因此还有几种不同的TF-IDF。Python机器学习库`scikit-learn`中含有TF-IDF的计算库，定义如下：

$$idf_i = \ln\frac{|D|}{|\{d : d \ni t_i\}|} + 1 \qquad (\text{smooth\_idf 参数是 False 时})$$

$$idf_i = \ln\frac{|D| + 1}{|\{d : d \ni t_i\}| + 1} + 1 \qquad (\text{smooth\_idf 参数是 True 时})$$

其中对数用的是自然对数[2]ln。

用上面的式子重新计算这个例子的话，得到的结果如表5-4所示。

---

[2]　以e为底的对数，$\log x = \ln x \times \log e = \ln x \times 0.434294\cdots$

tfidf	词1	词2	词3
单词1	3	0	3.695
单词2	2	0	0
单词3	3	0	0
单词4	4	0	0
单词5	3	4.506	0
单词6	3	0	1.847

■ 表5-4 文本1~6中词1、词2、词3的TF-IDF（scikit-learn的定义）

TF-IDF的计算处理

在Python的**scikit-learn**库中，含有能从文本数据中提取出各种特征量（feature）的程序（包括TF-IDF）。在计算TF-IDF时，需要使用类TfidfTransformer和类TfidfVectorizer。前者是已经有单词出现次数的表格后计算TF-IDF时用到的类，后者是输入文本序列后，在计算单词出现频率的基础上计算TF-IDF的类。只是后者处理的文本中，单词之间必须用空格分割开。

用**TfidfVectorizer**求下面这三个句子的TF-IDF。

文本1：我是一只猫
文本2：直到今天还没有名字
文本3：我自己都不知道在哪里出生

相关程序如例5.3所示。

■ 例5.3 求《我是猫》开头3个句子的TF-IDF程序示例

```
# -*- coding: utf-8 -*-
import re
import numpy as np
import jieba
from sklearn.feature_extraction.text import TfidfVectorizer
txt = open("cat3.txt", encoding="utf-8").read()
segs=jieba.cut(txt)
# 分解为句子
string = '\n'.join(segs)
string = re.sub('[\, \—\ "" \: \! \: \、\? ]', '', string)
string = re.split('。(?!」)|\n', re.sub('[\, \—\ "" \: \! \: \、\? ]',
'', string))
```

```
while '' in string:  string.remove('')  # 删除空行
wakatilist=np.array(string)   #把文本数据变换为NumPy的narray
vectorizer = TfidfVectorizer(use_idf=True, norm=None, \
                             token_pattern=u'(?u)\\b\\w+\\b')
 # norm=None是指定把输出看作每行的向量时，不用把长度处理为1（标准化处理）
tfidf = vectorizer.fit_transform(wakatilist)
print(tfidf.toarray())  #输出
```

将结果绘制成表格，如表5-5所示。

单词	我	是	一只	猫	直到	今天	还	没有
文本1	2.79	3.20	3.20	3.20	0.	0.	0.	0.
文本2	0.	0.	0.	0.	3.20	3.20	3.20	3.20
文本3	2.79	0.	0.	0.	0.	0.	0.	0.

单词	名字	自己	都	不	知道	在	哪里	出生
文本1	0.	0.	0.	0.	0.	0.	0.	0.
文本2	3.20	0.	0.	0.	0.	0.	0.	0.
文本3	0.	3.20	3.20	3.20	3.20	3.20	3.20	3.20

■ 表5-5　三个句子的TF-IDF分析结果

在本例中，将文本中的前3句单独摘出来作为分析的对象，当然也可以适当修改代码将更多的文本数据作为分析对象。在表5-5中，只有词语"我"出现在了两个文本中，其他词语只出现在一个文本中。词语"我"的*tfidf*值为2.79，其他词语的*tfidf*值为3.20。

通过比较TF-IDF的向量计算cos类似度

使用TF-IDF的值，可以计算文本间的类似度。以两个文本为对象，对相同的n个词语列表，分别计算其TF-IDF，然后做成n维的向量。n可以是排在前位一定数量的词语，也可以是全部词语。我们可以用n维空间中向量的夹角来表示两个向量的距离。夹角越小，代表距离越近。向量的夹角可以用内积来计算。

$$向量1和2的内积＝向量1的长度×向量2的长度$$
$$×cos(2个向量的夹角)$$

当向量的长度是标准长度1时，内积＝（夹角的cos）。

向量$x=(x_1, x_2, \cdots x_n)$的长度是所有元素的平方和的平方根

$\sqrt{x_1{}^2 + x_2{}^2 + \ldots x_n{}^2}$ 这样，我们通过计算内积，可以得到每个文本的TF–IDF值的向量之间夹角的cos值。如果两个文本向量x,y的长度为$|x|=1,|y|=1$，则，

$$内积 = \sum x_i \quad y_i = |x||y|cos\theta = cos\theta$$

因为内积是$cos\theta$，所以值越接近1，夹角越接近0。我们可以通过内积比较不同的作品具有的特点。

5.3 基于KWIC的检索

KWIC（keyword in context）在显示文本检索结果时，在显示位置的同时，还会显示出词的上下文环境，从而提高检索效率。比如在某篇发言文稿中以"和平"为关键字词进行KWIC的检索，可以看到关键词"和平"的前后是上下文。右侧的数字表示关键词"和平"的位置（这里的位置代表是第几个词的意思）。

人员 流 。 同时 也 要 看到 ， 和平 、 发展 、 合作 、 共 赢 的	301
合作 ， 加强 协调 ， 为 国际 和平 担当 ， 为 全球 发展 尽责 。	358
果 不容 篡改 ， 联合国 为 世界 和平 与 发展 所 做 的 贡献 不容 抹	888
。 地区 热点问题 仍 在 损害 着 和平 ， 但 国际 社会 投入 却 有所	1384
一道 ， 为 实现 利比亚 及 地区 和平 稳定 发挥 建设性 作用 。 海湾	1551
协议 有效 确保 伊朗 核计划 的 和平 性质 ， 但 作为 各方 妥协 的	1664
话 平台 ， 推动 形成 维护 地区 和平 稳定 新 共识 。 第三 ， 域外	1700
。 第三 ， 域外 国家 对 恢复 和平 安宁 应当 注入 " 正 能量 "	1711
多 帮忙 、 不 添乱 。 阿富汗 和平 和解 进程 再次 迎来 重要 机遇	1742
， 另一方面 推进 和 建立 半岛 和平 机制 ， 最终 实现 半岛 的 长治	1988
国家 就 能够 进一步 成为 世界 和平 稳定 的 维护 力量 ， 全球 共同	2046
， 增进 政治 互信 ， 释放 呵护 和平 稳定 的 积极 信号 ， 将 政治	2391

使用NLTK的类ConcordanceIndex可以非常简单地对英文文本进行KWIC检索，在对中文文本进行KWIC检索时，还需要使用jieba分词器对文本进行分词处理。下面我们先来看一下英文的KWIC检索程序。

■ 例5.4 英文文本的KWIC检索示例

```
# -*- coding: utf-8 -*-
# NLTK Concordance的信息 http://www.nltk.org/api/nltk.html
```

```
import nltk
txt = open("test2.txt", encoding="utf-8").read()
text = nltk.Text( nltk.word_tokenize(txt) )  # 用NLTK分割为token，变换为
Text格式
word = 'Minister' # 搜索词
c = nltk.text.ConcordanceIndex(text) # 生成类ConcordanceIndex的实例，指定
text
c.print_concordance(word, width=40)   # 用KWIC形式显示搜索词word
print(c.offsets(word))                # 得到搜索词word的位置信息
```

test2.txt中是一小段英文，以Minister为关键词搜索后，可以得到如下结果。

```
Displaying 5 of 5 matches:
backs The Prime Minister has denied he k
nd Deputy Prime Minister Mark Vaile to A
e and the Prime Minister , '' he said .
. But the Prime Minister says letters sh
002 if as Prime Minister I had n't done
[8, 43, 158, 167, 204]
```

在这段英文文本中有5行内容涉及到Minister，并且显示了前后文的相关信息。最后一行的5个数据显示的是Minister这个关键词在文本中的位置。

NLTK的concordance处理是以英语为前提的，如果输入的文本和英语的形式相同就可以。接下来我们使用jieba分词器处理中文文本数据，将词语用空格分割开。用NLTK的tokenize进一步整理文本形式之后，输入这个文本数据，生成类ConcordanceIndex。相关的程序代码如例5.5所示。

■ 例5.5 以"和平"为关键词的KWIC检索程序

```
# -*- coding: utf-8 -*-
# NLTK Concordance的信息  http://www.nltk.org/api/nltk.html
import jieba
import nltk
txt = open("test.txt", encoding="utf-8").read()
segs=jieba.cut(txt)
string=' '.join(segs)
text = nltk.Text( nltk.word_tokenize(string) ) # 用NLTK分割为token，变换为
Text格式
word = '和平'    # 搜索词
c = nltk.text.ConcordanceIndex(text) # 生成类ConcordanceIndex的实例，指定
```

```
text
c.print_concordance(word, width=40)    # 用KWIC形式显示搜索词word
print(c.offsets(word))                 # 得到搜索词word的位置信息
```

函数print_concordance可以设置显示的宽度width。默认值是英语文本中的80，这里设置为40。最大行数可以用lines设置，这里我们用默认值25。函数offsets是返回搜索词原文本位置的函数，显示的是检索原本用途的结果。

5.4 基于单词属性的积极消极分析

有种观点是，文本整体的特性是由其中单词的属性（property）决定的。属性这个词的含义很广，现在最常用的分析是，给词区分好坏，或者说给词加上感情色彩，从而推断发言者的情感倾向。这里我们做一个示例，来学习对SNS、新闻、问卷结果等文本进行"积极消极分析"，这在技术上叫作情感分析、sentiment分析、评价分析等。

5.4.1 情感分析的原理

情感分析有各种各样的实际应用，比如利用社交平台上的信息来判断大众对某项产品或服务的好感度，从而预测销量；分析问卷中开放性问题的回答或客服中心的反馈，从而判断对特定项目的积极消极情感倾向等。此外，还有对社交平台的整体氛围进行情感分析，并把结果视为社会整体的氛围，进一步讨论和股票的相关性这种类型的研究。

这样的应用可以获得很广泛的信息，但是在分析上会出现很多问题。原本我们期望的是通过理解文本在说什么，也就是理解文本含义，从而判断情感倾向，但是细致地理解含义，从现在的分析技术来看是很困难的。所以，我们只能对分析的准确度做一定程度的妥协，通过把各种情感笼统地分为喜欢、讨厌等，进行精确度低的分析。这里我们要学习的是，利用粗略的方法也能在一定程度上得到有益信息的分析。

原本，用喜欢还是讨厌（肯定还是否定，积极还是消极）这一条轴来表现情感是有些勉强的。虽然有的表达是单纯地说喜欢或讨厌，但是还有满足或不满，高兴或生气，安心或不安等情感[*3]，这些情感可以用喜欢或讨厌来表达，也可以直接用原本的词表达。如果我们想独立分析各种情感，就需要一本给词语的各种情感赋值的辞典，而制作这种辞典需要花费很大的精力。

再考虑到情感值依赖于环境和人，并不稳定，所以我们认为细致地区分每种情感的分析，目前代价太高。

情感值的表现方法有很多，比如下面这几种。

- 肯定或否定这两者（两极）。
- 肯定、否定或中立这三者。
- 通过肯定+1，否定-1得到一定区间内（或者说是区间[M,-M]）的连续值。

本来，人的情感在一定程度上是可以用大小表示的，但是不能用差值、比值来表示。比如，我们可以说"高兴"和"叹气"相比，远远具有肯定含义。但是"高兴"和"叹气"的差，与"叹气"和"差不多"之间的差相比是大是小呢？在肯定的意义上"高兴"是"叹气"的几倍呢？这些问题就没办法回答。所以这里的情感值从统计学的测量尺度来说，应该是"定序尺度"[*4]。

另一方面，用区间[-1,+1]这样的连续值来表示的话，因为从数字的角度来说，是具备差值、比值意义的"定比尺度"，所以可能会不考虑妥当性，做取平均值等处理。但是即便如此，从多个单词的情感值推断文本整体的情感值，推测辞典中没有的词的情感值等场合，用机器计算来推测的话，因为连续值非常合适，所以被广泛使用[*5]。

在分析文本的情感值时，首先要求单词的情感值，然后做成辞典的形式。情感值的决定方法，最基本的是召集被调查者，收集他们对各个词语的情感值。因为这非常费工夫，所以制作含有大量词语的辞典不是件简单的事情。比如Finn Arup Nielsen的辞典"AFINN-111"中，含有2477个词的从-4到4的整数情感值[*6]。

[*3] 比如，在Bollen,J.,Man,H：Twitter mood predicts the stock market,IEEE Computers中，使用了叫作GPOMS的6个情感轴，包括Calm,Alert,Sure,Vital,Kind,Happy，据说这是利用POMS-bi（Profile Of Mood State）做成的。

[*4] 参考"名义尺度、定序尺度、定距尺度、定比尺度"。

[*5] 比如在定序尺度中有0，1，2时，0和2的平均值是1这种说法是不正确的。应该说"如果硬要取平均值的话，平均值位于0和2之间"。

[*6] Hansen, L. K., Arvidsson, A., Nielsen, F. Å., Colleoni, E.andEtter, M.：GoodFriends, BadNews-Affect and Viralityin Twitter, The 2011 International Workshop on SocialComputing, Network, and Services, SocialComNet, 2011

　　SentiWordNet*7是使用这些人为收集的情感值去推测其他语句情感值的一个例子。这个例子是通过计算情感值，对词语的意义辞典WordNet中收录的词语或概念单位进行分类。

　　下面我们通过使用情感值辞典AFINN-111来了解基本原理。AFINN-111辞典可以从`http://www2.imm.dtu.dk/pubdb/views/edoc_download.php/6010/zip/imm6010.zip`下载。我们使用的是解压后的`AFINN-111.txt`文件。下图是辞典中的一个片段，

```
good 3
like 2
bad -3
terrible -3
```

　　接下来，我们尝试求每个句子中所含单词的情感值之和，相关程序如例5.6所示。

■ 例5.6　基于SentiWordNet的单词情感值求和的程序示例

```
# -*- coding: utf-8 -*-
from nltk.tokenize import *

AFINNfile = '../AFINN/AFINN-111.txt'
sentiment_dictionary = {}
for line in open(AFINNfile):            # 读取AFINN-111辞典
    word, score = line.split('\t')
    sentiment_dictionary[word] = int(score)

str = '''The first music is good, but the second and the third musics \
 are terrible and boring. It is a bad idea to buy this CD.'''
for sent in sent_tokenize(str):
    words = word_tokenize(sent.lower())
    score = sum(sentiment_dictionary.get(word, 0) for word in words)
    print(score)
```

　　执行程序后可以得到下面这种结果。句1中单词的得分是good=+3、

---

terrible=-3、boring=-3，合计为-3。句2中bad=-3，所以情感值为-3。其他单词没有收录到字典中，所以没办法计算。

```
-3
-3
```

只从单词的合计情感值来看，两个句子都是-3，但是我们仔细看会发现，句1中有1个+3，2个-3，而句2中只有1个-3，也就是说内容差距很大。因此，我们可以分别计算正的情感值合计和负的情感值合计。每个句子的循环部分的代码，如下所示。

```
result = []
for sent insent_tokenize(str):
    print(sent)
    words = word_tokenize(sent.lower())
    pos = 0
    neg = 0
    for word in words:
        score = sentiment_dictionary.get(word,0)
        if score > 0:
            pos += score
        if score < 0:
            neg += scoreresult.append([pos,neg])
for u in result:
  print(u)
```

这样我们就得到了两个句子的正负情感值合计结果。

```
[3, -6]
[0, -3]
```

也就是说，句1中的积极值为+3，消极值为-6，而句2中的积极值为0，消极值为-3。虽然原理是如上所述，但是这样简单的操作会出现一些问题，比如下面这几种情况。

● 用情感值的和来表示的话，句子越长情感值会越大。所以我们要考虑是否应该把句子长度标准化，即按一定词数分割等。

- 按句子来求情感值是否合理。比如句1的前半段和后半段所表达的感情不同。
- 有否定修饰语的场合，比如"not good"，会按正值来计算。
- 同样，在有程度修饰语的场合，比如"very good"，只会计算"good"。
- 辞典中没有的词，就不能计算。

　　其中，关于修饰的部分，除了有上述直接用单词修饰的情况，还有以句节来表达否定等的用法。下面我们通过人工分析句子来判断文本的情感值。

```
It is not the case that this book is good.
```

　　看单词的话"good"是肯定的，然而句子整体表达的是否定含义。为了解决这个问题，我们需要对句子进行语法结构的含义分析，来确定和"not"相连的部分，但是这个技术现在还未成熟。对句子进行正确、稳定并且能对大量文本进行高速地求值，就目前来说还是个难题。

5.4.2　NLTK的sentiment analysis程序包示例

　　可以在Python上使用的自然语言处理库NLTK（Natural Language Tool Kit）[8]中，含有可以作为以英语为对象的情感值分析工具的程序包sentiment analysis，以及能提供访问SentiWordNet[9]工具的程序SentiWordNet。

基于VADER程序包的情感值计算

　　首先要介绍使用VSDER程序包的计算情感值工具。VADER是把辞典和规则组合起来求情感值，辞典中含有7516个词条。我们以从辞典取得的单词情感值为基础，根据规则，把问号、感叹号、not、but、sort of、kind of等词全部大写，然后利用强调词辞典、否定词辞典对值进行修正。因为不用学习，所以使用起来非常简单，但需要我们提前下载含有VADER的辞典。

```
import nltk
nltk.download('vader_lexicon')
```

---

[8]　执笔时的版本是NLTK3.2.4。本节中参照的NLTK功能，有一部分是最近增加的，在旧版本上不能操作。

[9]　向英语概念辞典WordNet增添情感值信息后形成的东西。

基于VADER程序包的情感值计算的相关程序如下所示。

```
# -*- coding: utf-8 -*-
from nltk.sentiment.vader import SentimentIntensityAnalyzer
vader_analyzer = SentimentIntensityAnalyzer()
sent = 'I am happy'
result = vader_analyzer.polarity_scores(sent)
print(sent + '\n', result)
```

执行程序后，我们可以看到对语句I am happy进行情感值分析的结果。

```
{'neg': 0.0, 'neu': 0.213, 'pos': 0.787, 'compound': 0.5719}
```

从得到的结果来看，否定的（negative）指标是0.0，中立的（neutral）指标为0.213，肯定的（positive）指标是0.787。这些值是合计单词情感值的肯定、否定，并且标准化后得到的结果，而compound是VADER定义的综合情感评价值。

下面是否定句子I am sad的情感值分析结果。从这个这个结果中可以明显地看出，neg的值变高了。

```
{'neg': 0.756, 'neu': 0.244, 'pos': 0.0, 'compound': -0.4767}
```

加入颜文字后，结果又有了新的变化。下面是语句I am happy :-)的情感值分析结果。

```
{'neg': 0.0, 'neu': 0.143, 'pos': 0.857, 'compound': 0.7184}
```

和开始的例子相比，neu的值减小了，pos的值增加了，compound变得更为肯定。从这些执行结果中可以看出，增加肯定的颜文字后，肯定的元素增加了。

这个程序包的原理是，比起对大量的辞典做各种处理准备，使用人想出来的简单规则，会更容易计算出情感值。在实际应用中，这个方法可以计算一定程度水平的情感值。因为生成规则不需要机器学习，所以不需要准备具有情感值特性的训练数据语料库，而且颜文字也被收录到辞典中，所以可以方便地进行社交平台的数据分析。情感值本身禁不住仔细推敲，但如果我们觉得能得到一个大概的数值就足够了，可能反而会很实用。在实际应用中，经常可以看到对推特上的信息进行分析的例子。

使用机器学习的情感值判断系统

　　目前，有很多关于使用机器学习的情感值判断系统的研究。在这里，我们使用NLTK中含有的简单的贝叶斯分类器NaiveBayesClassifier来介绍一个简单的例子。程序中用到的相关数据可以从http://www.cs.cornell.edu/people/pabo/movie-review-data/中下载，在这个页面中选择下载sentence polarity dataset v1.0数据。这是康奈尔大学拍摄的电影的观后感数据，这个数据是用人工区分肯定的和否定的评论，每种评论各包含5331个句子。其中，我们用肯定和否定各4000个句子作为训练数据，让机器进行学习，然后让机器对剩下的各1331个句子进行判断，最后用函数accuracy测试学习结果的精确度。

■ 例5.7　使用机器学习进行感情判断的程序示例

```
# -*- coding: utf-8 -*-
from nltk.tokenize import word_tokenize
from nltk.classifyi mport NaiveBayesClassifier
from nltk.classify.util import accuracy

def format_sentense(sentense):
    return{word: True for word in word_tokenize(sentense) }

with open('rt-polaritydata/rt-polarity.pos, encoding=latin-1')as f:
    pos_data = [[format_sentense(line), pos] for line in f]
with open('rt-polaritydata/rt-polarity.neg,encoding=latin-1') as f:
    neg_data = [[format_sentense(line), neg] for line in f]

# 训练数据是在肯定评价和否定评价中各选前4000个句子
training_data = pos_data[:4000] + neg_data[:4000]
# 测试数据是在两种评价中各取出第4000个之后的句子
testing_data = pos_data[4000:] + neg_data[4000:]

# 用training_data制作分类树
model = NaiveBayesClassifier.train(training_data)

s1 = 'This is a nice article'
s2 = 'This is a bad article'
print(s1, '--->', model.classify(format_sentense(s1)) )   #用两个例句s1、s2
进行实验
print(s2, '--->', model.classify(format_sentense(s2)) )

print('accuracy', accuracy(model, testing_data))   #用testing_data计算精确度
```

执行程序后可以得到两个句子的感情判断结果。

```
This is a nice article ---> pos
This is a bad article ---> neg
accuracy 0.7772351615326822
```

这个例子直接使用简单的贝叶斯分类器，所以对否定词、强调词不能做特殊应对。比如This is not a nice article这个句子会被判定为pos。

现在也有使用支持向量机（SVM）、神经网络这样更复杂的分类器进行实验的报告。如果作为训练数据的语料库能更加整齐、充实，那么使用这样的分类器，可能会得到精度更高的分类。

5.4.3　中文语句的情感值分析

在对中文进行情感值分析时，可以使用一个第三方库SnowNLP。我们可以使用这个库直接对文本进行情感分析，返回的结果是积极情绪的概率，越接近1表示语句表达的是正面情绪，越接近0表示语句表达的是负面情绪。使用如下命令可以安装SnowNLP。

```
pip install snownlp
```

SnowNLP的使用方法很简单，用法也很多。我们先来使用它进行句子的情感值分析。

```
from snownlp import SnowNLP
txt1='这本书非常好，对我很有帮助'
txt2='这个东西太难吃了'
s1=SnowNLP(txt1)
s2=SnowNLP(txt2)
print('txt1的积极情绪概率：',s1.sentiments)
print('txt2的积极情绪概率：',s2.sentiments)
```

这样，我们就得到了txt1和txt2两个句子的情感值。

```
txt1的积极情绪概率： 0.8413930016411221
txt2的积极情绪概率： 0.2751827600914346
```

从执行结果中可以看到txt1语句的积极情绪概率约为0.84，接近1，是积极的情感表达。而txt2语句的积极情绪概率约为0.28，接近0，是消极的情感表达。

除了可以使用SnowNLP进行情感分析之外，它还有下面这些功能。

- 中文分词（s.words）。
- 词性标注（s.tags）。
- 转换成拼音（s.pinyin），繁体转简体（s.han）。
- 提取文本中的关键词（s.keywords）。
- 信息衡量（计算tf和idf的值）。
- 文本相似性分析（s.sim）。
- 分割成句子（s.sentences）。

下面我们来使用一下它的主要功能。比如SnowNLP的分词用法，对句子"这个东西太难吃了"进行分词。

```
print(s2.words)
```

分词后可以得到如下结果。

```
['这个', '东西', '太', '难', '吃', '了']
```

在社交平台上，尤其是推特上的推文，很多情况下用户都是发表自己感受到的事情，而且具有即时性等，所以经常被选为分析对象。

在日语中也有尝试对推特上的推文进行分析的例子[10]，分析结果表明一天中推文的平均情感值和一天中的平均股价有一定程度的关联。但是，这个结果不能表明是由于情绪的高涨引起股票价格上升，还是股票价格的上升引起情绪高涨（图5-2、图5-3）。

---

[10]　森簾：利用Twitter把社会情感数值化并对于股价预测的应用.平成26年东邦大学理学部信息科学专业毕业论文.2015年3月

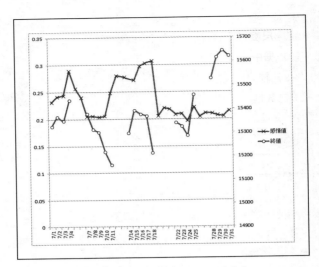

■ 图5-2 2014年7月推特和股价的关联

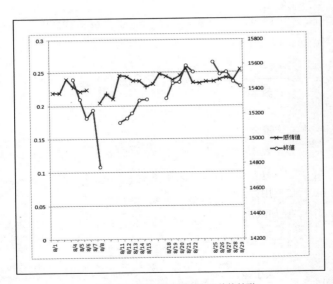

■ 图5-3 2014年8月推特和股价的关联

名义尺度、定序尺度、定距尺度、定比尺度

在数字的数据中，有像身高一样用数值表示的数据，也有1）喜欢、2）比较喜欢、3）比较讨厌、4）讨厌这样用于区别项目的范畴数据。即使使用同样数字写成的数据，我们也要注意加以区分。仔细考虑的话，可以像下面这样区分。

	定性数据（性质的数据、范畴数据）		定量数据（量的数据）	
	名义尺度	定序尺度	定距尺度	定比尺度
说明	没有数字上的含义，只是代替词语进行区分	具有数字的顺序、大小的意义，但是数值间的差距没有意义	有作为数值的差距意义，比如刻度等，但是比值没有意义	作为数值，差距和比值都有含义
性质	不可以进行计算，但可以计数出现频率	可以比较大小。但差距（差）、平均（和）是没有意义的	可以计算差（差距）、和（平均）。但是比值没有意义	可以计算和、差、比值
示例	・电话号码 ・血型（A：1，B：2，AB：3，O：4）	・比赛名次 ・喜欢讨厌 （喜欢：4，比较喜欢：3，比较讨厌：2，讨厌：1）	・摄氏度 ・公历	・长度 ・重量

总之"可以比较大小""差距有意义而比值无意义"这种区别很重要。

名义尺度=不能比较大小

虽然是用数字表示的数据，但是不具备数值含义（也就是说，不能比较数的大小或作为计算对象）。我们对电话号码比较大小或做加法是没有意义的。当我们把血型用方便的数字表示时（A:1，B:2，AB:3，O:4），比较大小（B比A的大）、做加减法（A+B等于C）、取比值（B是A的2倍），这样的做法都是没有意义的。

定序尺度=顺序、大小是有意义的，但是差距没有意义（加减法没有意义）

定序尺度是用数字表示顺序，所以可以比较大小，但是差距没有意义（也就是说，虽然在数字层面可以计算差值，但差值作为尺度是没有意

义的）。具体的例子有，马拉松的排名就是定序尺度。第1名与第2名的差距（差），和第2名与第3名的差距（差），在尺度上同为1，但是实际的差距并不相同。因此，这是定序尺度，而不是定距尺度。同样，把问卷调查的选项换成数字的话（喜欢：4，比较喜欢：3，比较讨厌：2，讨厌：1），我们不能说喜欢4与比较喜欢3之间的差距，和比较喜欢3与比较讨厌2之间的差距是相同的。因为差距不同，所以求差是没有意义的，同样求和也没有意义。用和除以个数来求平均（算数平均）同样没有意义。如果我们收集的这个问卷调查结果是"平均值为2.5"，因为是定序尺度，所以没有意义。

定距尺度=顺序和差距有意义，但比值没意义

定距尺度的顺序和差距有意义，但绝对值没有意义，比值也没有意义。摄氏度用的就是定距尺度。顺序和大小是有意义的，这里的差距可以代表，把水从20摄氏度加热到30摄氏度所需的能量（与把水从50度加热到60度的情况相比），所以差距也是有意义的。但是，30摄氏度的30，是把水结冰时的温度当作0得到的值。然而0度时并不能说（热力学）能量为0，也不能说水在20度时所含的能量是在10度时的2倍。所以说，比值没有意义，或者说，零点（代表基准点）是没有意义的，把零点放在哪里都可以（差值都是正确的）。不过，以绝对零度为基准的开氏温度中，因为0度是有意义的（热力学能力为0），所以开氏温度适用于下面的定比尺度。

定比尺度=顺序、差距以及比值都有意义

长度、重量等适用于定比尺度。长度为2米的棍子是1米的2倍，定序尺度中的"零点"，在这里是以长度为0作为基准点，所以是有意义的。

在理解以上这些区别后，请大家以后再看到统计学数字时，多思考一下它们是否有意义。

5.5 基于WordNet的同义词检索

5.5.1 从NLTK使用英语WordNet3.0

WordNet是普林斯顿大学研究出的英语概念辞典，这个辞典把单词分到叫作synset的同义词集合中。synset是由各种概念关系连接而成的，比如上位概念、下位概念、整体部分关系、继承关系（entailment）等。

比如单词dog含有8个定义（7个名词、1个动词）。这个相当于普通辞典中收录的词的意义，下面我们来看它的定义（definition）。

```
Synset('dog.n.01')      a member of the genus Canis (probably descended
from the
commonwolf)...（后略）
Synset('frump.n.01')    a dull unattractive unpleasant girl or woman
Synset('dog.n.03')      informal term for a man
Synset('cad.n.01')      someone who is morally reprehensible
Synset('frank.n.02')    asmooth-textured sausage of minced beef or pork
usually
smoked...（后略）
Synset('pawl.n.01')     a hinged catch that fits into a notch of a
ratchet to move
a wheel forward...（后略）
Synset('andiron.n.01')  metal supports for logsin a fireplace
Synset('chase.v.01')    go after with the intent to catch（动词）
```

其中，我们看"dog.n.01"的集合会发现，上位概念（hypernym）有两个。

```
Synset('canine.n.02'), Synset('domestic_animal.n.01')
```

下位概念如下所示。

```
Synset('basenji.n.01'), Synset('corgi.n.01'), Synset('cur.n.01'),
Synset('dalmatian.n.02'), Synset('great_pyrenees.n.01'),
Synset('griffon.n.02'),
Synset('hunting_dog.n.01'), Synset('lapdog.n.01'), Synset('leonberg.n.01'),
Synset('mexican_hairless.n.01'), Synset('newfoundland.n.01'),
Synset('pooch.n.01'), Synset('poodle.n.01'), Synset('pug.n.01'),
Synset('puppy.n.01'), Synset('spitz.n.01'), Synset('toy_dog.n.01'),
Synset('working_dog.n.01')
```

WordNet3.0的数据库中，收录了15万5千个词，11万8千个synset。在NLTK的Corpus中，有用于访问WordNet3.0的类**WordNetCorpusReader**、**WordNetICCorpusReader**。下面将介绍这个类的几个函数。

指定单词读取synset s后，可以用函数s.names( )、s.definitions( )读取synset s中含有的信息，也可以用函数s.hypernyms( )来提取上位概念的synset。

此外，还有能获取两个概念间共通的最低上位概念的函数lowest_common_hypernyms( )，path_similarity( )，能求概念在树状结构中的最短路径的函数path_similarity( )。详细信息请参照程序示例。

从NLTK访问WordNet时，必须要用到NLTK的WordNet。在Python中，使用如下方法下载。

```
import nltk
nltk.download()
```

从Collections标签中选择下载all-Corpus，然后从Corpora标签中下载wordset和wordnet_ic。

■ 例5.8 从NLTK使用英语WordNet的程序示例

```
# 预先准备
import nltk
from nltk.corpus import wordnet
from nltk.corpus.reader import WordNetCorpusReader,
WordNetICCorpusReader
wn = WordNetCorpusReader(nltk.data.find('corpora/wordnet'), None)
S =w n.synset
L=wn.lemma

# synset的基本函数
s = S('go.v.21')          # 读取单词go的动词的第21个synset
# synset的名称是move.v.15 pos（词类名）是v辞典文件是verb.competition
print(s.name(), s.pos(), s.lexname())
print(s.lemma_names())    # synset go的词汇是"move, go"
print(s.definition())     # go的定义是"have a turn; make one's move in a game"
print(s.examples())       # go的例句是"Can I go now?"

# 探索概念间的关系
```

```
s = S('dog.n.01')
print(s.hypernyms())
    # dog的上位概念是[Synset(canine.n.02), Synset(domestic_animal.n.01)]
print(L('zap.v.03.nuke).derivationally_related_forms())
    # [Lemma(atomic_warhead.n.01.nuke')]

print(L('zap.v.03.atomize').derivationally_related_forms())
    # [Lemma('atomization.n.02.atomization')]

print(s.member_holonyms())        # [Synset(canis.n.01), Synset(pack.n.06)]
print(s.part_meronyms())          # [Synset(flag.n.07)]
print(S('Austen.n.1').instance_hypernyms())
    # 以Austen为例的上位概念[Synset('writer.n.01')]
print(S('composer.n.1').instance_hyponyms())
    # 作家的例子（有很多作曲家）

print(S('faculty.n.2').member_meronyms())
    # 一部分（元素）[Synset(professor.n.01)]
print(S('copilot.n.1').member_holonyms())
    # 含有这个的大的集合[Synset('crew.n.01')]
print(S('table.n.2').part_meronyms())
    # 一部分[Synset('leg.n.03'), Synset('tabletop.n.01'),
Synset('tableware.n.01')]
print(S('course.n.7').part_holonyms())    # 含有的集合[Synset('meal.n.01')]
print(S('water.n.1').substance_meronyms())
    # 一部分（材料）[Synset('hydrogen.n.01'), Synset('oxygen.n.01')]
print(S('gin.n.1').substance_holonyms()) # 含有的集合（材料）
    # [Synset('gin_and_it.n.01'), Synset('gin_and_tonic.n.01'),
    #  Synset('martini.n.01'), Synset('pink_lady.n.01')]
print(S(snore.v.1).entailments())         # 继承关系的结论[Synset(sleep.v.01)]
print(S(heavy.a.1).similar_tos())
    # [Synset('dense.s.03'), Synset('doughy.s.01'), Synset('heavier-than-air.s.01'),
    #  Synset('hefty.s.02'), Synset('massive.s.04'), Synset('non-buoyant.s.01'),
    #  Synset('ponderous.s.02')]
print(S('light.a.1').attributes())        # 属性[Synset('weight.n.01')]
print(S('heavy.a.1').attributes())        # 属性[Synset('weight.n.01')]

print(S('person.n.01').root_hypernyms())
# 意义树的根[Synset('entity.n.01')]

# 二者的关系（二者共通的最低概念）
```

```
print(S('person.n.01').lowest_common_hypernyms(S('dog.n.01')))        # 共通
的最低概念
    # 结果为[Synset(organism.n.01)]
print(S(woman.n.01).lowest_common_hypernyms(S(girlfriend.n.02)))
    # 结果为[Synset(woman.n.01)]


# 相似性指标。以下指标的说明在NLTK的文件
# http://www.nltk.org/howto/wordnet.html
print(S('dog.n.01').path_similarity(S('cat.n.01')))          # 从路径看节点的
距离为0.2
print(S('dog.n.01').path_similarity(S('wolf.n.01')))         # 从路径看节点的
距离为0.333
print(S('dog.n.01').lch_similarity(S('cat.n.01')))
    # Leacock-Chosorow的相似度 2.028
print(S(dog.n.01).wup_similarity(S(cat.n.01)))    # Wu-Palmer的相似度为
0.857
wnic = WordNetICCorpusReader(nltk.data.find('corpora/wordnet_ic'), '.*\.
dat')
ic = wnic.ic('ic-brown.dat')
print(S('dog.n.01').jcn_similarity(S('cat.n.01'), ic))
    # 根据Information Content, Jiang-Conrath的相似度为 0.4498
ic = wnic.ic('ic-semcor.dat')
print(S('dog.n.01').lin_similarity(S('cat.n.01'), ic))
    # 根据Information Content, Lin的相似度为 0.8863


print(S('code.n.03').topic_domains())
    # topicdomain[Synset('computer_science.n.01')]
print(S('pukka.a.01').region_domains()) # regiondomain[Synset('india.
n.01')]
print(S('freaky.a.01').usage_domains()) # usagedomain[Synset('slang.
n.02')]
```

5.5.2 从NLTK使用中文WordNet

在使用中文WordNet时，在NLTK中英语的阅读器上增加语言指定后，就可以使用包括中文的多语言WordNet（Open Multilingual WordNet）[11]。在编写程序的过程中，我们只需要注意两个地方，第一是使用词语检索synset时，输入的词语是中文，指定lang='cmn'；第二是在输出侧，输出lemma_names等词时，要选择中文，即指定lemma_names('cmn')。

[11] 在NLTK3.2.4中可以使用，但旧版本中应该没有。

```
from nltk.corpus import wordnet as wn
# 输入中文词语，检索对应的synset，使用lang='cmn'指定中文
print(wn.synsets('鲸',lang='cmn'))
#显示synset对应的lemma时，用cmn指定中文
print(wn.synset('spy.n.01').lemma_names('cmn'))
```

下面是对应的检索结果。

```
[Synset('whale.n.02')]
['电子计算机', '电脑', '计算机']
```

此外，还有很多有意思的操作，比如检索"狗"和"犬"时，得到的结果会有些不同。

```
print(wn.synsets('狗',lang='cmn'))
print(wn.synsets('犬',lang='cmn'))
```

得到的结果如下所示。

```
[Synset('dog.n.01'), Synset('pooch.n.01')]
[Synset('dog.n.01')]
```

而对英语的dog进行下列检索操作时，又会得到不同的结果。

```
print(wn.lemmas('dog'))
```

得到的结果如下所示。

```
[Lemma('dog.n.01.dog'), Lemma('frump.n.01.dog'), Lemma('dog.n.03.dog'),
Lemma('cad.n.01.dog'), Lemma('frank.n.02.dog'), Lemma('pawl.n.01.dog'),
Lemma('andiron.n.01.dog'), Lemma('chase.v.01.dog')]
```

如果我们想查找中文的"狗"，可以执行下面的操作。

```
print(wn.lemmas('狗') ,lang='cmn'))
```

由上面的程序可以得到两个结果。

```
[Lemma('dog.n.01.狗'), Lemma('pooch.n.01.狗')]
```

在此基础上，对这两个结果进一步操作。

```
print(wn.synset('dog.n.01').lemmas('cmn'))
```

得到的输出结果如下所示。

```
[Lemma('dog.n.01.犬'), Lemma('dog.n.01.狗')]
```

然后对另一个结果进行操作。

```
print(wn.synset('pooch.n.01').lemmas('cmn'))
```

得到下面这个结果。

```
[Lemma('pooch.n.01.狗')]
```

在输入中文时，也可以和英语一样计算词语之间的距离。我们把"苹果"的第0个元素和橘子的第0个元素用path_similarity进行比较。

```
print(wn.synsets('苹果',lang='cmn')[0].path_similarity(wn.synsets('橘
子',lang='cmn')[0]))
```

得到的结果是0.25。接下来用同样的方法和苹果的第1个元素进行比较。

```
print(wn.synsets('苹果',lang='cmn')[1].path_similarity(wn.synsets('橘
子',lang='cmn')[0]))
```

结果是一个很小的值，约为0.0526。而这里第0个元素是"苹果"的果实（苹果[0]），第一个元素是苹果树（苹果[1]）。也就是说，和橘子[0]（果实）相近的是"苹果"的果实，而不是苹果树。

5.6 句法分析和关联分析的实际操作

　　句子的语法结构，即主语和谓语、宾语和谓语的关系，有助于进行意义分析。这样的语法结构分析称为句法分析。英语的语法在结构上比较稳定，所以机器分析可以顺利地进行。在学习英语时，大家应该看到过这5中句型：S+V、S+V+C、S+V+O、S+V+O+O、S+V+O+C。这可以说是语法结构、句法结构的样板。这里的结构元素S、V、C、O，不仅可以是单词，还可以是句子、短语，因此可以构成复杂的句子。通常，这样的结构用树的形状（树结构）来表示，所以叫作句法树。

　　明白了这些结构后，我们就能知道主语和动词的连接代表什么，如果有宾语的话其对象是什么。因此，可以从词在句子中的作用来提取含义。导出句法结构（句法树）叫作剖析，用于导出的装置或程序叫作分析器（parser）。有很多用于英语的分析器，在Python上也可以方便地使用NLTK中含有的分析器。

　　关于句法分析的装置有很多提案，在NLTK中有几种分析器。关于句法分析的原理和对分析器的细致讨论，请读者参考别的书籍[*12]。NLTK以成为自然语言处理装置的教材为出发点，提供了句法分析的装置，但其中不含有特定的语言语法，而是倾向于让用户自己设置语法。在本书中，我们想要用于文本挖掘等的分析器，所以我们选择既可以从NLTK使用，又含有英语语法的Stanford概率上下文无关（PCFG）Parser。

　　Stanford PCFG Parser是从2003年左右开始研究，最近增加了很多例如利用神经网络等不同类型的分析器。其特点是，在本身的算法程序中，加上了英语、德语、法语、西班牙语、中文、阿拉伯语等语言的语法。

　　虽然是用Java语言写的程序，但NLTK以能调用Java语言写的主体程序的封装器的形式，提供了库。因此，在下载时，除了NLTK，还需要Java语言的运行环境，并且要下载并展开主体程序（Java的jar文件）和英语语言模型。因为需要使用Java语言，而且要了解关于系统环境管理的知识，所以安装难度会稍微变高（参考边框中的内容），但在这里还是作为在Python上可以比较方便使用的英语句法分析，介绍给大家。

[*12]　比如Bird.S.,等著，萩原正人等译：入门 自然语言处理，O'Reilly 日本，2010的第8章等。原书的第2版对应于Python3/NLTK3，本书执笔时期还没有翻译版本。英文版的第2版在http://www.nltk.org/book/上无偿公开，推荐大家参考。

Stanford Parser的安装

Stanford Parser的主页是`https://nlp.stanford.edu/software/lex-parser.shtml`，请读者参考这个页面。

Java的主体程序请从主页中间位置的Download Stanford Parser version xxx进行下载。这样就得到了用zip压缩过的文件（执笔时为`stanford-parser-full-2017-06-09.zip`）。解压后，就得到了和zip文件同名的目录（执笔时为`stanford-parser-full-2017-06-09`）。

英语语法模型，请从Download Stanford Parser version xxx下方的English Models下载。这样就得到了jar文件（执笔时为`stanford-english-corenlp-2017-06-09-models.jar`）。用和zip文件同样的步骤进行解压后，就得到了目录`edu`。

NLTK这边的准备是要读取程序包`nltk.parser`，并且准备了下方的内容，作为文本程序。

```
from nltk.parse.stanford import *
p = StanfordParser( \
    path_to_jar='stanford-parser-full-2017-06-09/stanford-parser.jar', \
    path_to_models_jar = 'edu/stanford/nlp/models/lexparser/englishPCFG.ser.gz')
out = p.raw_parse('This is a pen.')
for u in out:
    print(u)
```

`path_to_jar`是指定含有程序的jar文件的路径，`path_to_models_jar`是包含英语句法模型的文件，下载的English model的文件用zip解压后，得到的目录edu内的程序上写着路径`edu/Stanford/nlp/models/lexparser/englishPCFG.ser.gz`，`path_to_models_jar`在这个路径上，所以`path_to_jar`指定的是这个路径。

在实际分析中，我们要生成类StanfordParser的实例，然后使用这个类中的函数`raw_parse`（一种分析未处理的英文的函数）。我们把句子作为文字串设成自变量，输出结果如下所示。

```
(ROOT (S (NP (DT This)) (VP (VBZ is)(NP (DT a)(NN pen))) (..)))
```

这是把句法树表示为列表形式，图5-4是输出的句法树。

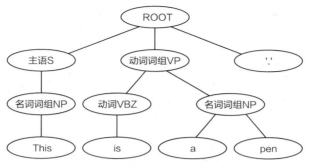

■ 图5-4 用句法树解释Stanford Parser的输出的示例

还有，多个句子变成列表后作为自变量的话，可以用函数raw_parse_sents对其逐个进行分析。

```
out = p.raw_parse_sents( ['Thisisapen.', 'Ihaveabook.'] )
for u in out:
    for v in u:
        print(v)
```

于是我们就得到了各个句子的句法树。

```
(ROOT (S (NP (DT This)) (VP (VBZ is) (NP (DT a) (NN pen))) (..)))
(ROOT (S (NP (PRP I)) (VP (VBP have) (NP (DT a) (NN book))) (..)))
```

此外，有的函数可以处理语素分析后的输入内容（带有标记），具体请大家参考NLTK的nltk.parse package的指南（http://www.nltk.org/api/nltk.parse.html）中的nltk.parse.stanford module的class nltk.parse.stanford.StanfordParser。

此外，如果想知道依存性的分析结果，我们可以进行下列操作。

```
dep_p = StanfordDependencyParser( \
    path_to_jar='stanford-parser-full-2017-06-09/stanford-parser.jar', \
path_to_models_jar = 'edu/stanford/nlp/models/lexparser/englishPCFG.ser.
gz' )
out = [list(parse.triples()) for parse in dep_p.raw_parse( \
                "The quick brown fox jumps over the lazydog.")]
```

```
for u in out:
    print(u)
```

输出结果如下所示。

```
[((('jumps', 'VBZ'), 'nsubj', ('fox', 'NN)'), ((('fox', 'NN'), 'det', ('The', 'DT')),
((('fox', 'NN'), 'amod', ('quick', 'JJ')), ((('fox', 'NN'), 'amod', ('brown', 'JJ')),
((('jumps', 'VBZ'), 'nmod', ('dog', 'NN')), ((('dog', 'NN'), 'case', ('over', 'IN')),
((('dog', 'NN'), 'det', ('the', 'DT')), ((('dog', 'NN'), 'amod', ('lazy', 'JJ')))]
```

5.7　语义分析和Word2Vec

5.7.1　语义分析

语义分析，是以经常出现在类似的上下文环境中的词语具有语义上的相似性这个哈里斯分布假设（Distibutional Hypothesis）*13为前提，通过统计分析上下文环境来提取信息（比如测试文本类似度）的一种分析方法。语义分析（Latent Semantics Analysis、LSA、或潜在语义索引、Latent Semantic Indexing、LSI*14）是把每个语言环境（比如文档）内的词向量排列后组成矩阵，然后用奇异值分解来减少序列，降低维度，从而对矩阵进行压缩。这种分析方法被用于以大量文档为对象，进行分类、寻找意义相近的文档等。这种分析方法可以看作是共现分析的一种一般形式。

还有概率潜语义分析（Probabilistic Latent Semantic Analysis、pLSA、或者是Indexing、pLSI*15），这个方法的观点是，各个文档会体现几个主题，词是根据主题按一定概率出现的。用从观测的大量文本数据中得到的结果来推测原始的概率分布。

而文档主题生成模型（Latent Dirichlet Allocation、LDA*16），是上述概率潜语义分析进一步发展后的产物。在pLSA中，各个文档的主题分布是固定的，但LDA

---

*13　Harris, Z. S. ：Distributional Structure, WORD, 10:2−3, pp.146−162, 1954

*14　Deerwester S., Dumais, S., Furnas, G. W., Landauer, T. K., and Harshman, R. ：Indexing by Latent Semantic Analysis, Journal of the American Society for Information Science41(6), pp.391−407, 1990

*15　Hofmann, T. ：Probabilistic Latent Semantic Indexing, Proceedings of the 22nd International Conference on Research and Development in Information Retrieval, pp.50−57. 1999

*16　Blei, D. M., Ng, A. Y., Jordan, M. I. and Lafferty, J., ed. ：Latent Dirichlet Allocation, Journal of Machine Learning Research, 3(4−5), pp.993−1022, 2003

的主题是由概率分布生成的，也可以对这个分布进行推测。

语义分析的模型（LSI、LDA），用Python的gensim程序包可以方便地使用。程序包网站上的指南有以英语的Wikipedia为语料库进行分析的例子（`http://radimrehurek.com/gensim/wiki.html`），这对熟练掌握gensim的模型会有帮助。

5.7.2 Word2Vec

Word2Vec是和语义分析一样以分布假设为前提，但不是以句子、段落为单位，而是把某个词的前后5~10个词作为窗口分割出来，当作词向量来表示[17]，并用神经网络把这个向量压缩到100维或200维[18][19][20]。

我们认为用这种方法得到的词向量可以表示意义，所以和语义分析的情况相同，可以通过比较向量来计算相似度。更让人感兴趣的是，在向量的空间中，我们可以发现以下性质 。

- 相同种类的名字和不同种类相比更接近，比如物的名称的向量可以分为动物、植物等聚类。这正是向量的相似度可以体现意义的相近这个观点。
- 词和词之间的相关性，可以在向量的空间上保存。比如，首都和国名的关系（单词向量的差别）在很多场合都是相同的[21]。用图表示100维中的向量是很困难的，我们可以用主成分分析压缩成二维，然后把其中方向的相同性用图表示出来。
- 表示不同程度的词，在向量的空间上是同一直线，比如good和best的中间是better。
- 不同的语言，在向量的空间上形状也是相似的。利用这一点，我们可以根据空间的线性变换来做词语的对译辞典。

虽然目前对这些特点的看法并不一致，但还是有很多用途值得考虑。在使用

---

*17 反过来，有种想法是用中央的词表示前后的词的意思。

*18 Linguistic Regularities in Continuous Space Word Representations, Proceedings of NAACL–HLT, pp. 746–751,2013

*19 Mikolov, T., Sutskever, I., Chen, K., Corrado, G. S. and Dean, J. : Distributed representations of words and phrases and their compositionality, Advances in neural information processing systems, pp. 3111–3119

*20 Efficient estimation of word representations in vectors pace. arXiv:1301.3781

*21 在Word2Vec中，单词的多义性是一个问题，但首都和国名等没有多义性，所以可以成立。

下面的程序学习gensim的word2vec程序包时，读取的词与词之间是分割开的。

■ 例5.9 Word2Vec的学习阶段的程序示例

```
import gensim, logging
logging.basicConfig(format='%(asctime)s : %(levelname)s : %(message)s',
\
                    level=logging.INFO)
sentences = gensim.models.word2vec.Text8Corpus("b.txt")
model = gensim.models.word2vec.Word2Vec(sentences, min_count=5)
print("model gen complete")
model.save("jpwmodel")   # 把模型保存为文件
```

Python编程环境的简单安装

接下来，我会向大家介绍Python的其中一种安装环境，Jupyter Notebook。Python原本的编程环境是把程序写在文件上，然后用python命令运行，而Jupyter Notebook提供了能在网页浏览器上输入或修正程序的同时运行程序的环境。因为这是比较新的环境，有很多地方还在变化，所以在本书中没有用到。在这里，我会为感兴趣的读者介绍执笔时Jupyter Notebook的安装和使用方法。

A.1　什么是开发环境

编写运行Python程序的环境，大致可以分成两种，一种是命令行的（也就是"裸"的）环境，还有一种是叫作开发支持环境、集成开发环境等的环境。

命令行的环境，前面已经介绍过有两种形式的环境。

- 交互式的，一行一行输入程序后，可以立即运行，然后返回结果的环境。
- 提前在文本编辑器中把程序写到文件中，然后用命令运行文件的环境。

交互式的、一行一行输入的方法，具有立即可以看到结果的优点，但是不适合写长的程序。在尝试简单的程序时，这种环境很方便。另一种在文本编辑器上编写好程序后再运行的方法，因为已经保存到文件中了，所以即使是长的程序也可以中断运行，当错误原因在程序的前面部分时，也可以很容易地修正错误。和交互式环境相比，这样的环境更合适已经总结好的程序，但是因为文本编辑器和运行命令的界面是分开的，所以操作起来会不方便。运行时，出现错误了要进行修正，重新运行后出现了错误还要修正。这样重复进行时，在文本编辑器上修正、保存的操作和运行程序时输入命令的操作，需要在不同的窗口上进行切换，所以会非常麻烦。

编程、运行以及其他各种操作能在同一个环境中进行的，叫作开发支持环境或集成开发环境（IDE、Integrated Development Environment）。现在有很多语言的开发环境，比较出名的有，微软公司在Windows上整理的开发环境Visiaul Studio（个别产品是Visual C++、C#），以IBM公司为中心整理的以Java语言为主的Eclipse。现在这些环境都可以支持多种编程语言，其中也包括Python。

本节，我要介绍Jupyter Notebook这个开发环境。

在设计Python程序并进行研究、试运行的人群中，这个环境最近很受欢迎。在主页（https://jupyter.org/）上可以了解到，Jupyter Notebook是"可以制作包含程序编码、计算公式，可视化图表，以及说明文本的文件"的环境，面向的用户是"要进行数据清洗和变换、数据模拟实验、统计模型制作、机器学习等"的人群。在实际使用时，加上Python本身的交互式解释型的语言，所以我认为也很适合编程初学者利用Pyhon来尝试、学习，总之这是一个便于使用的环境。而且，在前文的目的说明上也提到了，开发中的环境可以保存下来在用户间进行传递，所以，可以用于开发中的文件，也可以用作提供编程练习课题的场所。再者，在用matplotlib程序包绘制图表时，运行后可以在同一界面上绘图，所以不需要多余的步骤就能便捷地使用。

接下来，我要介绍执笔时Python本身和Jupyter Notebook的安装顺序。安装顺序会有更新，读者可能还是需要到最新的主页上查看，这里我们简单地介绍一下在Windows 10上的安装。而在macOS、Linux上的安装，因为需要系统设置，所以多少会有些不一样，请读者参考Python、Jupyter Notebook各自的主页。

A.2　在Windows 10上的安装

A.2.1　Python的安装

Python的安装方法在2.2.1小节中已经简单说明过了，所以有一部分是重复的，这里我们是对Windows的场合做简要说明。我们在Python的主页（`https://www.python.org/`）上下载、安装用于Windows的Python。Python有Python2和Python3，本书使用的是Python3，所以请在下载页面选择Python3。

而在macOS、Linux的操作系统中，有预先装好的Python。这时请确认Python的版本是3。本书例题中的程序在Python2中会出现错误。

在命令提示符中输入Python的启动命令，把参数设为–V就会显示版本。

```
python -V              ←输入
Python 3.6.1           ←显示版本
```

关于Python的使用方法、语法，有整理好的文件，英语原版是`https://docs.python.org/3/`。

A2.2　导入程序包需要的pip准备

下面将安装各种程序包。程序包是从PyPi的发布网站（`https://pypi.python.org/pypi`）上下载安装的，而相应的命令要用到pip。在命令行（Power Shell）上输入`pip -V`后查看结果。如果已经可以使用pip（Windows程序包已经包含在其中了，所以应该可以使用）的话，就会出现以下结果。

```
PS C: ¥¥ Users ¥ yamanouc> pip -V
pip 9.0.1 from c: ¥ users ¥ yamanouc ¥ appdata ¥ local ¥ programs ¥
python ¥ python36 ¥ lib ¥
site-packages (python 3.6)
```

这表示可以利用，所以就可以进行下一步了。如果不能利用的话，就会出现下面的结果。

用语pip，不能被识别为cmdlet、函数、脚本文件或可运行的程序。……

这时，我们从https://bootstrap.pypa.iio/get-pip.py中下载文件get-pip.py（比如放在下载文件夹中），接下来通过命令行（Power Shell）移动到下载文件夹中，然后进行下面的操作并在Python上运行。如果遇到下载文件夹的位置被设置为标准以外的情况，就根据情况更换cd的目标位置。

```
cd $HOME ¥ Downloads
python get-pip.py
```

这样就完成了pip的下载和安装。现在，python和pip就可以使用了。

A.2.3　Jupyter Notebook的安装

接下来，在命令提示符（Power Shell）中使用pip命令可以简单地安装Jupyter Notebook开发环境。

```
pip install jupyter notebook
```

输入以上内容，就可以下载、安装Jupyter Notebook的操作中必要的几个程序包软件了。因为数量很多，所以需要一些时间。

如果所有都可以正常安装的话，会显示以下结果。

```
Successfully installed ... 程序包的列表 ...
```

A.3 开始使用Jupyter Notebook

A.3.1 Jupyter Notebook的启动

在命令提示符（Power Shell）中，通过命令移动到操作文件夹。操作文件夹在用户自己的文件夹中的话，按照自己的想法操作也没关系。这里我们在Documents的下面创建名称为work的目录，把这个当作操作文件夹。然后输入jupyter notebook启动。

```
PS C: ¥ Users ¥ yamanouc ¥ Documents> mkdir work          ←创建目录work
    目录: C: ¥ Users ¥ yamanouc ¥ Documents
PS C: ¥ Users ¥ yamanouc ¥ Documents> cd work             ←移动到work
PS C: ¥ Users ¥ yamanouc ¥ Documents ¥ work> jupyter notebook  ←启动
Jupyter Notebook
…信息…
[I 13:10:21.562 NotebookApp] The Jupyter Notebook is running at: http://
localhost:
8889/?token=504e380ce
[I 13:10:21.562 NotebookApp] Use Control-C to stop this server and shut
down all k
ernels (twice to skip
… 信息 …
```

这样应该可以顺利启动了。同时，我们打开一个新的浏览器窗口（标签页）（图A-1）。

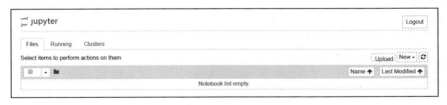

■ 图A-1 Jupyter Notebook启动后的浏览器界面

A.3.2 Python程序的输入和运行

接下来，我们尝试使用Python。左击界面右侧的New按钮，在下拉列表中点击Python3。这样，用于Python编程的窗口（iPython形式的窗口）就打开了（图A-2）。

■ 图A-2　在Jupyter Notebook选定"New"中的"Pyhon3"后的界面

在这个界面中，我们可以在"In[　]："的右侧部分编写程序，选择输出Hello World作为最开始的程序。在"In[　]："处输入下面的代码，如图A-3所示。

```
print('Hello World')
```

■ 图A-3　在Jupyter Notebook输入Hello World程序后的界面

然后我们来运行这个程序。运行时，要点菜单栏的按钮，如果没有的话，在Cell的下拉列表中点击Run Cells（下面都叫作"按运行键"），运行结果如图A-4所示。在这个程序中显示的是Hello World。

■ 图A-4　在Jupyter Notebook点击"Run Cells"后的界面

这样就可以在Jupyter Notebook的界面里编写程序并运行，然后输出结果了。

那么，如果程序出错时应该怎么办呢？比如在输入print时，错打成prnt。按运行键，运行程序后，会输出如图A-5的错误信息。这里出现的信息是"name Error: name 'prnt' is not defined"，于是我们就知道错误是prnt。

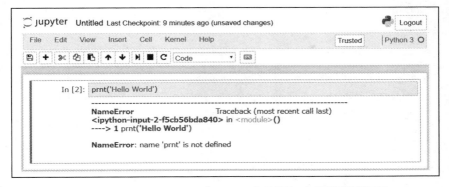

■ 图A-5　在Jupyter Notebook"Run Cells"的结果，出现运行错误的界面

A.3.3　多运用来熟悉Notebook环境

那么，我们再多练习一下，从而适应Notebook环境。在刚才的错误状态下，可以在In[2]的位置替换程序，输入的代码如下：

```
x = 2
print(x)
```

这个程序表达的含义是，把变量x的值代入为2，然后用print(x)来输出（显示）x。写好后按运行键，就可以看到如图A-6的2，这个print的输出结果了。

■ 图A-6　在Jupyter Notebook修正程序后点击"Run Cells"的界面

A.3.4 显示matplotlib的图表时

在Jupyter Notebook的环境中，使用绘制图表的Matplotlib时，要提前使用`pip install matplotlib`命令安装matplotlib程序包。然后在程序中使用`import matplotlib`命令导入该程序包。在此基础上，和Jupyter Notebook在同一界面显示图表时，需要在程序的开头输入以下代码。

```
%matplotlib inline
```

因为如果不这样操作的话，在Jupyter Notebook点击运行键后，什么都不会显示。而且这行是以"%"开头的，在命令行和Python通常的代码行中都没有。

运行结果如图A-7所示。图表显示在同一个窗口内。

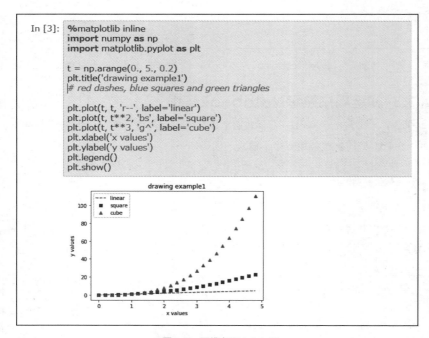

■ 图A-7 用线表示Matplotlib

A.4 作业结果的保存和Jupyter Notebook的结束

A.4.1 作业结果的保存

　　Jupyter Notebook环境上的作业内容可以在任何时候保存。在保存前，需要给文件命名，重命名的操作是在界面上方的File列表中选择Rename选项（图A-8）。如果我们不加名字的话，会自动命名为Untitled（如果Untitled已经存在，那就是Untitled1、Untitled2……）。通过Rename命名后，在同样的File列表中选择Save and Checkpoint选项。这样此时的状态就会保存为文件<名字>.ipynb。下次使用时，我们在Jupyter Notebook的Home页面（图A-9）上点击这个ipynb文件，就能再次显示保存时的状态，从而继续进行作业。而且，还可以把这个ipynb文件发送给其他用户，在那边的Jupyter Notebook环境上打开，所以我们可以让别人继续开发程序，也可以让别人阅读程序，从而获得建议。

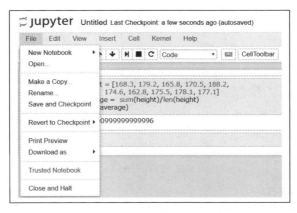

■ 图A-8　打开Jupyter Notebook的"File"列表时

■ 图A-9　Jupyter Notebook的Home页面

A.4.2　在Jupyter Notebook上写的程序放在Python的 裸环境中运行需要的准备

　　我们有时会想把在Jupyter Notebook上编写的程序，以pyhton<文件名>的形式在Python的裸环境中运行。最常出现这种状况的是在使用Matplotlib、igraph绘制图表的场合。前文中说过，Matplotlib在Jupyter Notebook上运行时，在程序开头指定%matplotlib inline就可以在Notebook界面内绘制，但是igraph是不可以的。除了这种情况以外，可能还会碰到要在Python的裸环境中运行的时候。保存的ipynb文件不能直接在Python的裸环境中运行。这种时候，我们就像图A-10那样从列表File中选择Download As选项，再选择Python(.py)。这样就可以下载带有扩展名.py的Python程序文件了。

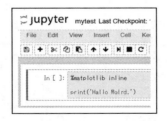

■图A-10　从列表 "File" 选择 "Download As"，再选择 "Python(.py)"

　　这样下载下来的文件，会变成下面这样的源码。

```
# coding: utf-8

# In[ ]:
get_ipython().magic('matplotlib inline')

print('Hello World.')
```

　　在命令提示符（Power Shell）中，把这个文件作为 "Python<文件名>"，就可以运行了（需要删掉多余的 "get_ipython( )…"）。

A.4.3 Jupyter Notebook的结束

在结束Jupyter Notebook时，要按照下面的步骤进行操作。

关闭作业的Python页面

打开作业页面的File列表，从菜单中选择Save and Checkpoint选项（根据需要）保存最后的状态。

接下来，再打开File列表，选择最下面的Close and Halt选项。于是在这个作业环境中运行的内核就停止了，这个窗口就会关闭。如果没有关闭的话，内核停止后自己关闭窗口（单击×按钮等）也没关系。

停止Jupyter Notebook整体

在最开始启动Jupyter Notebook后的命令提示符界面（Power Shell界面）中，按两次Control+C组合键，意思就是在键盘上按着Control键（在键盘上写着Ctrl的键）的同时按C键（同时按两个键）。第一次按后会出现"确认关闭吗"的确认信息，再按一次就结束了。

Jupyter Notebook是比较新的软件，最近名称有更新。虽然非常不稳定，但使用比较方便，而且在Windows上可以稳定安装，所以在这里作为开发环境的一种介绍给大家。